复刻

崔敏 ◎ 著

Draw On Others' Successful Experience

台海出版社

图书在版编目（CIP）数据

复刻 / 崔敏著 . –– 北京：台海出版社 , 2025. 3.

ISBN 978-7-5168-4136-5

Ⅰ . B848.4-49

中国国家版本馆 CIP 数据核字第 2025NQ8181 号

复刻

著　　者：崔　敏

责任编辑：魏　敏
封面设计：天下书装

出版发行：台海出版社
社　　址：北京市东城区景山东街 20 号　　邮政编码：100009
电　　话：010-64041652（发行，邮购）
传　　真：010-84045799（总编室）
网　　址：www.taimeng.org.cn/thcbs/default.htm
E – mail：thcbs@126.com

经　　销：全国各地新华书店
印　　刷：北京君达艺彩科技发展有限公司
本书如有破损、缺页、装订错误，请与本社联系调换

开　　本：710 毫米 ×1000 毫米　　1/16
字　　数：150 千字　　　　　　**印　　张：**11
版　　次：2025 年 3 月第 1 版　　**印　　次：**2025 年 3 月第 1 次印刷
书　　号：ISBN 978-7-5168-4136-5

定　　价：59.80 元

他山之石，可以攻玉

近两年，我们所面临的就业环境似乎一下子就变得严峻起来，竞争激烈、"内卷"严重、大厂裁员、小厂无岗，市场需求萎缩，直接导致了求职压力增大，上升空间减少……种种现状，对于职场中人，尤其是初涉职场的新人，显然很不友好。焦虑、不安、无措、茫然，各种负面情绪接踵而至，工作能力原地踏步，收入水平停滞不前，我们仿佛被推入了进退维谷的困局之中。

那么，应该如何破局而出？

复刻是最实用、快捷的操作方法，也可以称为工具。

为什么要复刻？为了能够更加高效地学习，为了蜕变成更优秀的自己。当我们因为大环境、因为各种因素被困在原地时，向更优秀的人学习，便会成为打破壁垒、打通上升渠道的最佳途径之一。它可以帮助我们实现工作能力的显著提升，从而改变不如意的处境，在现有的基础上实现阶层跃升。

本书中，没有玄奥的专业名词，也没有无懈可击的论点论据，更多的是建议和方法。同时，为了能够更加立体地呈现这些方法的操作过程，大家还可以看到很多根据真人真事整理出来的真实案例。通过这些案例，我们可以知道，面对同样的问题，那些比我们早出发了一步的优秀人士做出了怎样的选择，采取了怎样的应对方式。

他们中，有来自普通家庭，毕业于普通学校，通过努力成为企业中高层管理者的职场人，有小型企业的经营者，有跨国公司的职业经理人，也有以技术进行公司运营的专业人士。他们的家境不同、学历不同、成长环境迥然、职场地位各异，唯一相同的，是他们所拥有的不断向上学习、主动追求卓越的特质。

他们的事例全部来自日常工作，解决的都是那些我们在工作中很大概率也会遭遇的具体问题。我们遇到的问题与他们遇到的或许会有细节上的不同，也可能有背景环境上的差别，但万变不离其宗，所有的问题都有解决的方法，但会因为解决的人认知的不同产生不同的结果。

我们借鉴众多职场前辈的经验，参考他们的思路，首先是为了得到认知层面的提升，进而是为了进行行为模式的复刻。一个问题出现之后，在想到解决办法之前，我们第一个需要复刻的，就是那些优秀人士解决问题的态度——没有推诿和逃避，只有正视和面对、思考和解决。只需要迈出最艰难的第一步，就会发现，后面的事情其实没有我们想象中的那么艰难。很多看似难以逾越的高山，实则只存在于我们的想象中。

需要强调的是，复刻的第一步，一定是先找到一个正确的复刻目标。对方的工作经验、处事方法、操作模式、核心理念，是否能够帮助我们摆脱当前的困境或解决未来可能出现的问题？是否能够帮我们开辟一条晋升之路？是否能够让我们在最快的时间里得到收益？

所以，在建立起一套属于自己的完整的问题处理系统之前，就先从复刻开始吧。在复刻中摸索、提升、转化，最终将他人经验化为己用。"他山之石，可以攻玉"，用前辈们的经验，克服自己的浮躁，缓解自己的焦虑，将自己一点儿一点儿琢磨成器，直至在职场中拼出一席之地，与财务自由握手言欢，实现真正意义上的人生跃迁。

目录 CONTENTS

01

第一章

复刻学习力：
想要成功，学习力比学历重要

要把"知识资源"转化为"知识资本"，那么你需要拥有学习力。

复刻修复力:
在不确定中收益

面对失败,有的人能够快速恢复,重新出发,有的人却一蹶不振。

第二章

02

03

第三章

复刻社交力:
做人际关系的磁吸者

坏的人际关系总能带来负能量,而好的联结则能帮我们补充能量。

复刻逻辑力：
让自己的思维更加深刻

大脑走得越远，脚步才能走得越稳。

第四章

04

05

第五章

复刻执行力：
成为时间富人

思考和执行是成事的两大关键。

复刻决断力：
科学地做出选择

摆脱设计者的控制，成为掌控危机的掌舵者。

第六章

第七章

复刻领导力：
在职场上越做越好的秘密

翻倍个人影响力，从平庸中脱颖而出，领导力是必备能力。

能力陷阱

做擅长的事，驾轻就熟，得心应手。

做得越多，越擅长。

越擅长，做得越多……

在日复一日的重复中，形成了一个闭环，

与此同时，

你也逐渐掉进了自己给自己挖的能力陷阱中。

第一章

个体崛起，不是个个崛起

有人在时代的红利中如鱼得水，

有人捧着手机躺在床上在庞杂无序的资讯中沉迷。

一屏之隔，

是一个世界的距离。

自驱力

知行合一，从来都不是一件容易的事。

反复的训练，一再的坚持，惊人的毅力，

把追求上进内化为本能的一部分，

是形成有效自驱力的基本前提。

拖延症

想站在岸上把所有的动作都做到完美无缺后再入水，
永远不可能学会游泳。
一件事不开始，是零分；
一件事不结束，依然是零分。

1

复刻学习力：
想要成功，学习力比学历重要

要把"知识资源"转化为"知识资本"，
那么你需要拥有学习力。

重塑可能性

一座原本摆在窗台上的塑像，
需要换个位置摆放时，却与周围的环境格格不入，
既然不考虑重新买一座，
那就打碎了，和上水，加上泥，
重新捏一座放上去。

什么是能力陷阱

做自己擅长的事是本能，做自己不擅长的事才叫本事。

"做自己擅长的事你才会更自信！"

"快乐工作的方法就是做自己擅长的事。"

"只做自己擅长的事，别和你的短板死磕、内耗。"

……

那么，请思考：坚持只做我们擅长的事，是福还是祸？

能力陷阱

大家总认为，如果你不善言辞，缺乏急智，你应该避开与公开发言相关的职业，如主持人、演讲家、培训师；如果你不够理性，缺乏逻辑思维，你不该涉足那些需要缜密思考的职位，如决策者、心理医生……

貌似，在我们前行的过程中，唯一正确的路，就是最大可能地避开短板，极尽可能地发挥长板。当将"长板"发挥到极致时，便是成功的开始。

但是，在"高科技作弊"的今天，只关注自己的"长板"的人是否还具有竞争力？

当前，移动互联网、AI（人工智能）、VR（虚拟现实）等技术逐渐占领了我们所熟悉的行业，商业游戏规则已经发生改变。今时不同往日，我们面临的竞争对手已与以前截然不同。

首先，举一个我自己的例子。

不久前，我们总编在 AI 写作软件中输入了主题为"论经销商在工业制造领域的重要性"的相关写作要求，几秒钟之内，一篇一千字左右的稿子便已成型。尽管我们可以挑剔其中那些明显带有 AI 色彩的刻板用语，可以嘲笑其中用词的不准确，但它仍然算得上是一篇有头有尾、结构完整的文章。

再举一个众所周知的例子，我们手里的手机，已不再只是负责通讯的工具。刷视频，就有广告跳出来，要教我们如何用手机拍出艺术感十足的封面大片，如何用视频功能拍出电影质感。我任职的杂志社，每一期都需要大量的产品图片。当然会有企业愿意花重金聘请专业的摄影师进行图片的拍摄和后期处理，但也有很多精通手机操作的产品负责人，可以用手机设计出氛围感十足的图片，且交片极快，效率高到超乎想象。

在这种情况下，相机设计者如果还是一味地强调提升曾经的核心竞争力——清晰度，是否还合乎时宜？那么，我们人类不能为数码技术所替代的观察和审美能力，是否应该成为相机设计者不得不强化的能力？

在此，我并不想制造焦虑，而是希望大家思考一个问题：**当安身立命的能力被科技替代时，我们需要如何调整前进方向？**

跳出能力陷阱

做擅长的事，驾轻就熟，得心应手。做得越多，越擅长。越擅长，做得越多……在日复一日的重复中，闭环形成了，与此同时，我们也逐渐掉进了自己给自己挖的能力陷阱中。

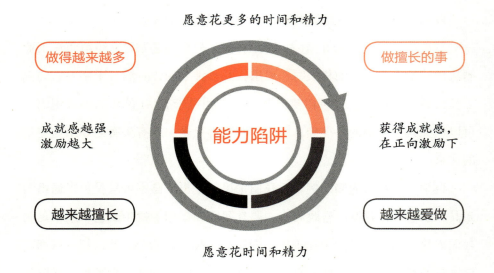

做擅长的事，是本能；能耐着性子、扛着压力去做不擅长的事，是一种本事。

出于工作原因，我每年都要采访几十位行业资深人士，其中包括任职于工业巨擘的高级职业经理人、国内白手起家的小型企业经营者、中小企业的中高层管理人员等。这些受访者家境不同，性格不同，行业不同，学历不同，经历更是各不相同，但他们最大的相同之处，便是都在各自的专业领域中小有建树，并拥有进一步成功的可能。

他们是怎么做到持续优秀的？又是怎么做到更进一步的？答案就是：跳出能力陷阱。

　　我曾三次采访一位来自浙江台州的女性创业者于总。于总在小型机械领域从业二十六年，前二十年一直在家族企业中负责技术设计工作。她曾以为自己一生都将如此度过。但一次家族变故，她被踢出局，曾经引以为傲的技术设计也被后来者弃如敝屣。

　　经过半年的低沉期后，于总开始创业。她自认为开拓市场及洽谈业务是自己的短板，为此曾考虑过高薪聘请经验丰富的职业经理人，但由于资金问题而搁置。她买来大量的市场营销及谈判方面的书籍，多次打电话向过去的老同事请教。她受访录音中的原话是："那段时间，我晚上看书，白天硬着头皮走出去谈业务，回来后……甚至都等不到回家，在回程车上就开始复盘，哪里没有说到位，哪一点没说清楚，产品优势的推介可不可以换个方式，要不要再做一个更新颖的 PPT……还把一整天的洽谈过程，与擅长市场营销的老同事进行交流，请人家指出不足。就这么过了整整一年。一年后，随着新产品的上市，我们也有了自己的客户群体。"

　　在第三次采访中，我曾问过于总，如果更早几年，她便选择自己创业，现在的企业规模会如何？于总表示，从小到大，她被公认的长板，就是技术设计能力，因此很早就走进了实验室。在那四面墙里，她一心只想搞设计，完全想不到还有其他可能。

　　这份体会无关遗憾，只是来自改变前后认知的变化。当我们认为自己只擅长做某件事的时候，潜意识便已经画地为牢。想进一步突破，往往需要跳出能力陷阱，进行横向拓展。

重新定义你的工作

　　如何重新定位自己的工作？不妨拿出一张纸，给自己画一张图，把自己认为的长板、短板一一列举。复盘过去的从业经历，写出自己在长板所在的领域中，做出了哪些成绩，得到了哪些助益；而自己所认为的短板，又给自己造成了哪些阻碍，带来了哪些不便。

也许你会发现，长板并没有时时为你助威，短板也没有处处为你设限有时候，众所周知的长板，未必是我们的最优选，跳出长板的局限，延长自己的短板，可以增强自身学习力。

"无他，惟手熟尔"是欧阳修笔下的卖油翁对自己最擅长的事做出的最经典的总结。就连一位市井老翁，对于得心应手之事尚且有着如此清醒的认知，活在这个信息爆炸时代的我们，如果还沉浸在长板带来的满足感中沾沾自喜，就不但踩中了"能力陷阱"，也杜绝了更进一步的可能。跳出自我设限的怪圈，扩展认知领域，追求更多元化的发展，已经成了我们的必修课题。

长板	对工作的助益	短板	对工作的阻力

如何成为信息爆炸时代的大赢家

> 信息爆炸时代的红利，没有人可以全部吃下。如今的赢家，没有一个不是清醒审慎的信息接收者。

我们的确正处于一个信息大爆炸的时代。

一部手机，可以让我们接触到全世界。古今中外、天文地理、科学技术、娱乐杂谈……每天，我们打开手机聊天软件，登录短视频 App，刷新某个公众号，都会有大量的信息被推送到面前。从来没有一个时代，能让一个普通人可以和如此巨量的知识、资讯进行近乎零距离的接触。

我曾在北京外国语学院进修英语口语，授课老师年过五十，他不止一次地对我们说过，在他的时代，一个普通的英语专业的学生，为了拿到一盘不知道拷贝了多少次的英语磁带，需要付出大量的精力、财力和人情，但现在的我们，打开电脑和手机，就可以搜到任何一段原音电影的对话桥段，还可以在搜索引擎里输入美式发音、英式口语进行指向性搜索。这个时代的我们所拥有的学习资源是前所未有的。最方便的是，只要能上网，只要拥有一部智能手机，这些资源唾手可得。

信息大爆炸的能量，可以惠及任何一个普通人。无疑，这是时代的红利，但没有人可以将其全部吃下。

个体崛起，不是个个崛起

人可以轻易得到的资讯越多，能够为自己留下思考的余地就越少，也意味着遭受的干扰越多。

这几乎是必然的——互联网造就的信息大爆炸时代，是一个个体崛起的时代。

打开手机，我们可以看到曾经如你我一样的普通人，如今正活跃在互联网上。但和过去那些遥不可及的名人相比，他们显然又离我们非常近。打开他们的短视频号，可以随时听到、见到他们；进入他们的直播间，可以随时加入讨论，与他们连线互动。

但是，这种"近"，是一种错觉。有人在时代的红利中如鱼得水，有人捧着手机躺在床上在庞杂无序的资讯中沉迷。一屏之隔，是一个世界的距离。个体崛起，不是个个崛起。

当然，那些捧着手机"冲浪"的人也并非全无收获。他们能够在每一件最新发生的时事下面留言评论，引经据典，能够因为某个观点不同而在网络大战中唇枪舌剑。可也仅限于此。不经思考就存放于大脑中的资讯，就如没有地基的空中楼阁；不加甄别就照单全收的知识，就似底气不足的虚张声势。即使在某场辩论中成为赢家，也只是赢了这场辩论而已，广征博引伪装出来的"高大上"，实质矮若侏儒。

崛起的个体仍在崛起，却与你无关。

赢家的共性

纸上得来终觉浅，古人手执书卷，寒窗苦读，仍然会认为从纸上得来的知识太过浅薄。当思考变得越来越少时，最终的结果可能就是思考停摆、浑浑噩噩、碌碌无为，将所有的不成功归罪于外力，归罪于环境，却永远想不到自身存在的问题。

实质上，**如果我们对所有的资讯毫无差别地照单全收，就代表我们默许了外界对自己的干扰**，无论是浪费在其中的时间和精力，还是遭到严重破坏的注意力，都是我们付出的代价，也是我们无法成为时代赢家的症结所在。

真正的赢家们，在庞杂的信息面前无疑都是清醒的。即便是那些活跃在互联网上的优秀者，他们都具备一些共性。他们在与人连线时，无论对方提出多么刁钻的问题，都可以进行不同角度的解读；对于热点事件，他们鲜少随波逐流。可以说，对于信息，他们进行的是甄别式的接收，所输出的观点，也都是独立思考后的产物。即使是"一家之言"，也是经过思考后的一家之言，好过不经思考的以偏概全，所以，他们拥有了一定范围内的影响力，拥有了追随在身后的粉丝。

无论之后的发展如何，至少在当下，他们是这个时代的赢家。

制定自己的行为参考模式

2023 年春节过后的第一个大型工业展上，我采访了朱经理。朱经理年逾五十，在国企工作几十年，曾自嘲"是被时代抛弃的老古董"，在国家政策的指示下，他带着一款历经多年研发、打破了国外垄断的爆款产品，进入真正的市场竞争中。朱经理表示有一段时间他很是不知所措，但是，互联网拯救了他。

　　"我们那款设备，加工品质完全可以对标国外同类设备，但价格较进口设备低了不少，怎么看都是中国市场，尤其中国本土企业急需的产品。但是，信息差是一个很致命的问题。后来，还是儿子帮我出了主意——利用互联网平台。在互联网上，不但可以找到目标客户，找到产品的展示平台，还能够近距离看到国外同类设备的先进加工技术。互联网为我这个老头子打开了另一扇大门。"

　　"但很快，我又遇到了另外一个问题，"他苦笑，"互联网太大了，信息太多了，你搜了一条'电加工设备'，会得到几十、几百个结果，接下来，每天还会收到几十条相关信息的推送。怎么才能从那么多的信息中，精准找到自己需要的？一天二十四小时，就算每天只睡四五个小时，剩下的时间也有限，不能都浪费在那些并没有太多意义的垃圾信息上。所以，我给自己制定了一张表格。"

项目	内容	时间段	达到的效果	优先等级 1/2/3
真正需要的	打开电加工设备的知名度	3—6 个月	知名度翻番	1
	找到更多目标客户	6—12 个月	增加 15%	1
	丰富供应商资源	6—12 个月	增加 10%	2
提供资讯的网站				
适合展示产品的平台				

在朱经理做的表格上，可以明确看到，项目分别是"真正需要的""提供资讯的网站""适合展示产品的平台"，以及相关的"时间段""达到的效果"和以"1、2、3"划分的"优先等级"。

"通过这张表格，我能够最快评估出在某个时间段内，这个网站和平台对我和我们的产品能够起到多大的帮助，如果效果有限，果断放弃。半年下来，果然筛选出了几个对我们最实用、最有帮助的信息网站和宣传平台，效果显著。其中，你们的公众号也是筛选后的结果。"

找到有用的，屏蔽无效的，除此之外的，全部属于干扰项。

朱经理能够吃到信息时代的红利，因为他进行了思考，进行了甄别，做出了筛选，所以得到了结果，在市场规则的鉴定下，成为"真"赢家。

在信息爆炸时代的背景下，成为一个清醒审慎的信息接收者，并不容易。在我们还没有更好的方式时，不妨先复刻优秀者的方法，也为自己制定一张表格，用来记录那些有用的、没用的、纯粹娱乐的、可以放弃的、适当尝试的、完全浪费的……

当有了表格后，无形中就为自己设定了一个行为参考模式，我们很快就会知道，自己在无用的事情上浪费了多少时间。外力和环境对我们造成的负面影响，远不如内耗造成的大。努力不是没用，而是我们并没有自己想象的那么努力。

别把自己"惯"坏了

贪图舒适安逸是人的本能，知行合一，从来都不是一件容易的事。

喜欢看电视的人，到家就会打开电视机；喜欢玩游戏的人，会为了半夜约战提前设置闹钟。这些事都不必有人提醒，也不需要人来管束，动力完全来自自我驱动。然而，如果想加强自己的英语口语能力，无论制订多么严格的计划，都往往无法长久地执行。

问题出在哪里？

自驱力形成的底层逻辑

首先我们需要了解一个理论——三脑理论。

这个理论是美国国家精神卫生研究院的神经学专家保罗·麦克里恩教授于 20 世纪 60 年代提出的。该理论认为大脑可以分为三个演化阶段形成的脑区，每个脑区负责不同的功能。三个脑区我们可以简称为：本能脑、情绪脑和理智脑。

本能脑 Instinctual Brain

- 结构：脑干、小脑、下丘脑，容量大
- 功能：控制呼吸、心跳、睡眠、捕食、求偶、避险等生命活动
- 特点：基本没有记忆力，趋易避难

情绪脑 Emotional Brain

- 结构：边缘脑、丘脑、海马体，容量大
- 功境：控制情绪、行为动机
- 特点：短时记忆功能，片面冲动

理智脑 Rational Brain

- 结构：大脑前额叶，脑细胞少
- 功境：控制视觉、学习、思考、分析、想象、创作等进阶活动
- 特点：记忆功能强大，立足长远

本能脑和情绪脑形成人类的潜意识，理智脑则形成显意识。有一种说法是，显意识是骑象人，潜意识是大象。**大象太过强大，一旦不听指挥，骑象人便无可奈何，这就解释了为什么人类即使拥有知识、熟知规则，情绪还是会失控，做事还是会全凭本能。因为"骑象人"学会的东西，"大象"不会。**

在三脑理论中，当理智脑不足以抑制欲望和情绪的驱动时，行为就有失控的可能。**毕竟生活中绝大部分的决策源于本能和情绪，而不是理智。**

换句话说，想建立有效自驱力，成为人群中的佼佼者，就要锻炼我们的理智脑。通过学习，理智脑可以得到提升和成长，成为引导者，帮助我们平衡本能与情绪，找到正确的行为方向。至于理智脑的强大方式，和锻

炼身体不无相似——持续地学习，深度地思考，均可以增强它的力量。在这个过程中，还要学着接纳自己的本能和情绪，理智地引导，适时地约束，正确地释放。

在我们的生活中，最简单的训练方法，就是说到做到。比如按既定计划完成当前阶段的工作内容，比如在预定时间参与晨读、晨跑，按约定履行对朋友的承诺……这些行为看似微不足道，实则在润物细无声中，塑造和调整着我们的大脑结构，推动它成长。

成长就是让理智学会和本能、情绪和谐对话的过程。三脑一体，是有效引导，不是强行压制；是和平共处，不是驱逐扼杀。

如何形成自驱力

2023 年在青岛，我采访过来自北方重工业基地的马总。马总是一位从底层业务做起的职业经理人，一路走来，历尽坎坷。我问他是什么时候开始"飞升"的，他笑着说："从我真正能够做到要求自己做到的那些事儿开始。"

渴望成功的人，理智会很清醒地告诉他，该做什么，不该做什么，以及怎么做。但是，本能和情绪在某种情况下会成为阻力。

马总说，销售员的工作时间是弹性的，但升为部门经理后需要坐班。不到三个月，他就向公司提出了重新回到销售岗位的申请。

"做业务员，我已经做得很好了，每月完成的都是最高线的任务，二十几天全部搞定，剩下的时间我是回家睡觉，还是找哥们喝酒、玩游戏，完全由我自己支配。但做了部门经理，不但要为部门的业绩负责，还要带人、管人、参加公司管理人员的会议、做报告、写总结……关键是收入还不比我做销售的时候多，照顾家里也没有以前那么方便。那个时候我是真的迫不及待想要回到原来的岗位。"

当时的公司总经理因此找他谈话，告诉他：做业务员做到顶尖，仍然是业务员，在上升渠道已经打开的情况下，因为一时的得失退回原处，等于自毁前程。马总接受了老领导的建议，但首先需要克服的就是自己多年来养成的惰性。

世界上最难的事之一，绝对是和自己的生物钟做斗争，贪图舒适安逸是人的本能！光起床这件事就成了很多人的老大难问题。为了克服惰性，我们可以像马总一样，也为自己做一份个人计划，写清楚什么时候起床，什么时候到公司，以及为什么到公司。

自驱力形成的辅助条件

建立清晰的目标，树立明确的行动方向，制订可执行的计划，接下来就是付诸行动。

知行合一，从来都不是一件容易的事。反复的训练，一再的坚持，惊人的毅力，把追求上进内化为本能的一部分，是形成有效自驱力的前提。而制订个人计划，是其中非常重要的一环。这份个人计划和企业计划、部门规划不同，针对的是个人的成长，是建立有效自驱力的标的。

我所建议的个人计划，不必"高大上"，也不必强调所谓的专业性，不妨用一些噱头、一些好玩的"梗"增加计划的趣味性，也可以用一顿美食、一件心仪已久的漂亮衣服、一次向往已久的旅行，作为完成计划之后对自己的奖赏。

现场链接

"马总，在您还是业务员时，您所遇到最大的阻力和困难是什么？"

"在产品品质和售后服务不掉链子的前提下，最大的困难，还是自己。"

"我可以理解为您这是在自省吗？"

"更准确地说，是有自知之明。只要不是个傻瓜，都知道该怎么才能做好工作，但有时候就是做不到。为什么？因为太惯着自己了！"

"请重点谈一谈。"

"有一点我非常清楚，如果当月我按照计划完成了上门拜访、电话问候和资料邮寄这些活儿，下一步开展工作的时候就会明显感到'丝滑'很多。然而一旦犯懒，还找各种借口，客户看到你就会不耐烦。个人认为，做业务，就是产品品质和销售人员认知的结合，你认为自己面子比天重要，客户的钱也不是大风刮来的，除非你的产品的品质和价格具有压倒性的优势，在差不多的情况下，人家肯定会选那些脸熟的、嘴甜的，能够提供情绪价值的销售人员。"

"那您是如何突破认知局限，进行有效的自我管理的呢？"

"做个人计划。公司有公司的计划，我自己有自己的。完成公司的计划，公司有奖励；完成自己的个人计划，也给自己发奖励。我有一次攻下了一位超级大客户，当月直接奖励自己吃了一顿螃蟹。我爱吃螃蟹，但身体原因不能多吃，一个月就吃那一次，超爽！"

告别拖延症，只需这五步

一件事不开始，是零分；一件事不结束，依然是零分。

如果要谈到新世纪的"都市病"，拖延症一定是其中非常难治的一个"顽疾"。

这年头，谁身边没几个拖延症患者呢？

我有一位认识很久的采访对象，华南陈总。陈总也是一位从底层做起，一步一步走到公司副总位置的资深职场人士。但陈总前期给我的印象，就是爱拖延。

曾经有一次采访，春节前便确定了春节复工之后的采访日期，为了让他提前做好准备，我在春节前将大纲以微信、邮件的方式进行了双重发送。他也明确表示，会按照大纲把内容提前准备好。

春节复工之后，我和他的助理联系，对方支支吾吾，他尴尬的是，领导并没有忘了这件事，只是没有准备，因为他一直认为假期还长，时间还多，不必着急。结果，那次采访我只能找其他人紧急替补。

陈总也知道自己有很严重的"拖延症",为此还专门上过一些课程,买过一些相关书籍,但收效甚微。

我无法改变别人,只能从自己做起。那次教训之后,我在和陈总确定时间节点时,都会在原计划的基础上向前推两到三天。近期,我发现陈总的拖延症似乎有所好转,至少每次都能在最后期限完成所有事项。

今年的上海展会期间,我们谈到"拖延症"这个话题,陈总的一番话让我感慨很深。

"我正在和拖延症死磕!我们开会的时候,公布了第一季度的任务和任务截止日期,我回去之后让下面的销售人员把任务领了,然后把公司公布的截止日期往前提了三天,并写到办公室的白板上,每天还让助理负责写倒计时,我就按那个倒计时跟进所有销售人员的完成进度。和你这边也是一样,你给我资料的截止期限,我往前提上两天标注在台历上,鲜红的数字每天都在眼前晃,逼着我必须早一天完成,早一天把它划掉。"

"拖延症"的克服之道,有很多专业书籍和管理课程进行了深度探讨。我站在巨人的肩膀上,集各家之长,结合自身经历,借鉴受访者的经验,说一说如何用五步调节法克服拖延症。

第一步,制订明确的计划和完成节点

王阳明曰:志不立,天下无可成之事。

一个可行性的计划,一个明确的任务目标,是建立良好行为模式的第一步。我们只有在明确知道自己要做什么之后,才会想到接下来该怎么做。

在截止日期的设置上,还可以进行提前设定。就像陈总,设置了比公司规定的任务完成时间更早的截止日期，最坏的结果，就是在真正的截止日期到来前压线完成。

第二步，分解目标，逐个击破

在项目管理中有一个工具叫 WBS，也就是工作分解结构，以可交付成果为导向，对项目要素进行分组。在日常工作中，我们也可以把目标任务进行多阶段的分解，化整为零，形成多个小目标，然后逐个击破。

我们平时怎么速记手机号码？11 位的号码，拆分成 ×××-××××-×××× 后，再去速记，相较一口气记下 11 个数字，是不是容易很多？

再举例，一个人一天要完成 10 千米长跑，听着就觉得累，但将 10 千米拆分成 5 个小目标，每跑完 2 千米，就完成了一个小目标。这样的做法，从心理上，减少了我们的畏难情绪；从行动上，降低了"拖延症"的"发病"概率。

第三步，想到就去做，完成比完美更重要

临渊羡鱼，不如退而结网。

现实中，我们很多人的做事习惯，就是"过两天再说"。

比如，一本好书，过两天再看；事情不急，过两天再做；一个朋友，过两天再见。许愿从未停止，行动从未开始。而想要改变这种心态，最简单也最有效的方法，就是马上、立刻，这就去做！

不断地告诉自己，马上开始，立刻着手，不断用这种积极行动的想法和做法，给我们的潜意识打下烙印，给自己下达"马上""立刻"的信号，杜绝"拖延"这个概念成为我们潜意识中的"钉子户"。

很多患有拖延症的人还有一个习惯，那就是过于追求完美，一件事做

不到 90 分以上，不肯画上句号。这种精神固然可嘉，但在某些情况下完全没有必要。就如学习游泳，**你想站在岸上把所有的动作都做到完美无缺后再入水，就永远不可能学会游泳。一件事不开始，是零分；一件事不结束，依然是零分。**

第四步，学会拒绝，屏蔽打扰

"拖延症"是因，造成拖延是果。但有时候造成这种结果的原因，并不是"拖延症"，而是我们不懂得拒绝外力打扰。

比如，手头有一件紧急的工作正在进行，别人过来求助，却还要一口答应，宁愿将自己的工作搁置一旁……这种事情有一便会有二，如果不能学会拒绝，就会永远受到打扰。一旦形成这种行为模式，拖延升级为"拖延症"只是早晚的问题。

专注于推进自己的计划，不因任何外力的打扰而造成目标任务的拖延，从学会拒绝开始。

第五步，聚焦成功，二八法则

避开拖延陷阱的最后一步，需要我们把精力和专注力更多地聚焦于有助于我们成功完成目标的事务上。

意大利经济学家帕累托的二八法则指出：大概仅 20% 的因素，就可以影响到 80% 的结果。我们的时间和精力终究有限，想把每一件事情都做到完美几乎没有可能。与其面面俱到，不如重点突破，把 80% 的资源投入 20% 的关键事务中。

当我们能够按照优先等级依次完成任务时，"拖延症"这个顽疾，已经离我们越来越远了。

小心你的"明天"一文不值

不要躺在那些约定俗成的优势中，把自己局限在所认定的可能中。

在长大的过程中，每个人应该都多多少少得到过来自长辈、父母、师友的夸奖，以及对于我们的未来的设定吧。

"你这个人嘴皮子真溜，去学相声吧。"

"你画画还行，将来是准备做设计还是美工？"

"你动手能力不错，学个手艺呗。"

这些话，有些人听一听也就算了，毕竟能力和特长在长大的过程中，会因为外力产生变化，江郎可以才尽，大器可以晚成。但是，总有一些人被这些话打动，尤其这些话不止一次地灌输到他们耳中时，所以，学习时选择了相关的专业，毕业后选择了相关的工作。人们往往将这种"特长"和"能力"称为"优势"。

新行业的崛起，传统行业的式微，已经改变了既定的竞争格局，昨天还是极具竞争力的优势，今天就可能沦为普通技能，明天还可能一文不值。"一招鲜，吃遍天"的时代即将终结，我们需要找到自己身上更多的可能。

重塑可能性

我们的家庭、师友，以及周围环境、氛围，把我们塑造成了今天的模样。过去的种种，在我们的大脑中留下了一个又一个印记，我们的本能和情绪会跟随着这些印记活动，行为模式、思考方式也受这些印记左右，形成习惯，成为我们显于人前的一部分人格。

人格最大的特点，就是它的稳定性。所以，长大后的我们，真的有机会再次改变吗？有重新塑造可能性的可能吗？当然有！我们可以借助SWOT分析模型重塑自我。

SWOT分析模型是一种战略规划工具，一般用于评估个人、团队、项目或组织的内部优势（Strengths）、劣势（Weaknesses），以及外部机会（Opportunities）和威胁（Threats）。

S：找到自己的优势	W：发现自己的劣势
技能、资源、经验、成就	能力、性格、习惯、关系
O：挖掘潜在外部机会	T：判断不利因素
市场需求、行业趋势 社会发展、人脉拓展	竞争、障碍、经济、负面影响

我们可通过对自己内部的优势和劣势、外部的机会和威胁进行矩阵形式排列，并通过SO、WO、ST、WT层层分析，进而得到全面、系统、准确的战略结论。

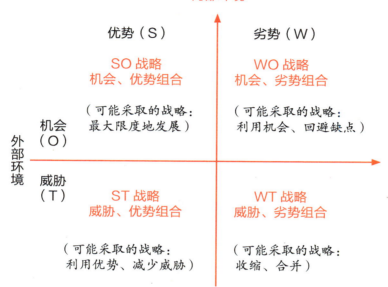

SWOT 矩阵分析

内部环境

优势（S）　　　　　劣势（W）

SO 战略　　　　　　WO 战略
机会、优势组合　　　机会、劣势组合

（可能采取的战略：　　（可能采取的战略：
最大限度地发展）　　利用机会、回避缺点）

机会
（O）

外部环境

威胁
（T）

ST 战略　　　　　　WT 战略
威胁、优势组合　　　威胁、劣势组合

（可能采取的战略：　　（可能采取的战略：
利用优势、减少威胁）　收缩、合并）

在本章开篇，我曾建议大家画一张表格，列举自己的长板、短板，并列出长板对我们的助益，以及短板造成的阻力。而在 SWOT 分析模型中，我们需要看到自己的优势和劣势，列出优势带来的机会，劣势带来的威胁，并交互分析，交叉对比，从而真正地了解自己。

我们之所以有时候并没有自己想象的那么努力，正是因为我们并没有自己想象的那么了解自己。

定位自己的优势

拥有高学历算不算优势？

英语口语流利算不算优势？

情商高算不算优势？

如果出现一个学历更高、口语更好、情商更高的人，这些优势难道会全部转为劣势吗？当然不会。可是，如果面对同一个岗位的竞争，对方的确更具优势。

重塑可能性，更多的是希望我们不要躺在那些从小到大被他人认定的优势中，把自己局限在他人所认定的可能中。

当竞争变得越来越激烈时，我们首先需要对自己有一个更清晰的认识、更精准的定位，然后打破局限，持续提升，以获得更全面的技能，创造更多元的可能。

曾国藩 30 岁时，推翻过往成就，立志做圣人，年至 62 岁仍每日在日记中自省，以圣人标准检讨言行，至死不曾停止自我觉察的脚步。自省、自察、自我优化，就是一个不断重塑自我、增加可能性的过程。

去年冬天华南大展期间，我第一次采访了任职于行业龙头企业市场部的丁经理。丁经理大学毕业后即进入该企业，至今已有 14 年。丁经理初入公司时在客服部任职，后来转入营销部，现在在市场部任职。我采访中的一个问题是：14 年间，历经多次的岗位变迁，是如何适应并掌控这种转变的呢？

丁经理表示，没有更好的办法，只能一次又一次地重新认识自己、调整自己、塑造自己。每一次换岗，都需要重新调动自己的知识储备和才能储备，还需要更多地学习和接纳。就像一座原本摆在窗台上的塑像，需要换个位置摆放时，却发现与周围环境格格不入，既然不考虑重新买一座，那就打碎了，和上水，加上泥，重新捏一座放上去。痛，并快乐着。

社会竞争很激烈，一个行业的龙头企业就像一个小社会，内部竞争激烈，近乎残酷。这种情况下，如果不能调适自己，让自己迅速顺应改变，就意味着需要放弃这份当年打败了近 200 名竞争者得到的入职机会。

"截至目前，我都适应得非常好。我敢说，如果未来的某天，我又被转入一个全新的部门，我仍然能够做得很好。因为，在第二次被调岗的时候，我就发现了自己所具有的显著优势，那就是永远不惧改变，永远不怕推倒重来，永远希望自己身上能够挖掘、塑造出更多的可能性。"

用优势加上别人很难掌握的机遇，即使面对劣势和威胁，也能够迅速调适，为自己塑造出更多可能。我们不是丁经理，不一定拥有丁经理那种随时可以从头再来的勇气，但面对变化，至少可以拿出一份打碎过去从零做起的觉悟。不开始，我们永远不知道自己能够变得多优秀，永远不要低估了我们自身存在的无限可能。

赚钱最快的途径就是复刻

一场成功的复刻，可以帮助我们走出迷茫，重新找到努力的方向，突破财务困境。

对于职场人来说，复刻一种已经经过市场验证的先进的工作方式，一位职场前辈久经市场锤炼的工作经验，不但能够帮助自己快速适应职场，更快地完成职场角色的转换，而且每一次的升阶，都会在薪水中得到最直接的体现。

财务状况与复刻能力正相关

无论我们目前处于什么样的处境，做着什么样的职位，面临什么样的问题，只要想在最快的时间内获得突破，获得高薪显职，不妨将复刻法则应用于自己的日常工作中，经历一段从观察者到学习者，再到创新者的复刻历程。

如果一位市场策划人员想拿出一份好的方案，以满足上司或客户的要求，就需要收集、搜索之前的成功案例，包括已经取得过不错成果的推广方案，以及同行业同类产品的不同范例。可以很肯定地说，市场发展这么久，无论什么类型的策划需求，都不乏成功先例，而所有成功的策划案都有一个共同的关键内核——站在目标客户的角度去考虑所有问题。这便是可以复刻过来的精华。一份出色的策划方案，一定能够为客户带来显而易见的财务收益，同时也会成为我们迈入高薪阶层的敲门砖。

无论想提升哪方面的能力，都可以从观察开始。同事中谁的工作效率更高，谁更能够解决问题，就观察谁的处事方法、沟通技巧。先从模仿开始，哪怕最初只能照着葫芦画瓢，也一定会有所助益。而助益与收益紧密挂钩，我们很快就能找到自己的上升渠道，让工资表上的数字得到更大的飞跃。

怎么复刻才有用

我曾经采访过一位来自长沙的王总，在创业之前，王总曾在日系企业工作过近十年，还曾经进入一家德国公司工作了数年。在对国内市场用户做了充分的调研后，他以复刻日系企业管理体系的方式，开始了自己的创业之旅。在采访中王总表示：

"比及德系企业的精准，日系企业的精细更适合当时的中国用户。因为那个时候（2000年之前）的中国用户很多还没有意识到我们的产品对整个加工行业的意义。很多客户认为我们的产品只是锦上添花，而他们更需要雪中送炭。所以，我们需要培养和提升用户的加工意识。只有客户意识到我们的产品不仅是在锦上添花，而且是真的能够改变他们的产品格局的时候，才是中国市场走向成熟的开始。为此，我高薪挖了两位前同事过来，一位负责市场，一位负责客服，复刻了前沿公司的服务体系，在直接对接用户的同时，可以让用户充分享受到我们的产品从销售到使用的全过程服务。这种有别于中国市场传统做法的'交钥匙'工程，为用户带来了全新的体验，很快就赢得了市场的肯定，很多用户开始主动找到我们进行试加工。但是，这个服务体系不能一成不变。现在，我们还将产品使用后的环保处理也囊括了进去，不但积极响应了国家对于绿色环保的号召，也真正实现了对客户的全方位服务承诺。"

可以复刻的工作方法才更适合企业管理。王总直接聘请了两位前同事负责培训和带领团队，在细节上完全复刻了日系企业的精细入微。有了他们，王总可以心无旁骛地将更多的精力投诸市场开发，于是很快打开了局面并迅速占领了市场，比预期计划更快地收回了成本，获得了利润。

成功的复刻不是简单的模仿，它是在充分理解原有模式的基础上，确保关键内核的原样拷贝，并在必要时进行创新和优化，且能够得到高效执行的操作模式。

SWOT 矩阵分析

学会如何正确地运用复刻法则，包括选择与自身能力符合的复刻目标

必要的时候创新或升级，还必须注意执行过程中的有效监督和管理

必须确保关键内核的完整复刻

当我们学会如何正确且积极地运用复刻策略，使它成为职场打拼或自立门户的得力助手时，财富自由自然不再只停留于梦想之中。复刻，就是那条能够让人们赚钱最快的有效路径。

为什么说不可复制的生意做不大

用"复刻"作为钥匙，打开横亘在面前的那一道道关闭着的大门，将"触角"伸向更广阔的市场空间。

在当今多变的商业环境中，企业不仅面临着变化的市场需求和激烈的竞争，还必须适应快速发展的技术和消费者偏好的变化。

这也是我们经常说不可复刻的企业很难做大做强的原因。

如果企业对个人能力或特定技术资源、地域环境过分依赖，那么抗风险能力和创新能力均会受到市场的限制，很难进行规模化扩张，也更容易因竞争对手的介入陷入被替代的危机。

企业赖以为生的"独门绝技"在该赛道不再拥有绝对性的优势时，市场份额会被瓜分，利润会被削薄，且根据市场规律，企业极可能卷入一个恶性循环的怪圈——为了夺回客户资源，进行降价销售，致使利润进一步减少。

做大做强，复刻帮忙

日常工作中，我们当然可以利用自己的学识、才华和专业能力，让自己变成部门、公司甚至某一专业领域的明星。但如果想成立团队培训新人，那么在保持优秀的同时，请记得，一定要创立一套可以复刻并推而广之的标准工作流程。当一套先进、高效并可复刻的工作流程成为整个团队的基本行为准则时，至少可以确定这支团队的最低水平。守正方得出奇，**确保下限不会太"下"，才能保障上限的全力向"上"**，探索更多的可能。

譬如，你拥有祖传的刺绣手艺，凭借这门手艺开了一家很受欢迎的门店，生意很火爆，你很忙碌，却开不了分店，开了分店也无法维持，因为你分身乏术；或者，你是一名设计师，开了一家工作室，因为不俗的创意在业界小有名气，拥有了固定的慕名而来的客户，却始终只能是一家工作室，那些慕名而来的老客户想要的只有你的创意，如果委派了别的设计师前去接待，客户感觉被敷衍，就有流失的风险。

无法复刻的生意，一旦你的手艺滑坡、灵感枯竭，生意就会出现危机。甚至，人外有人，天外有天，未来你还可能在同一个赛道上遭遇一个强劲的对手，只要对方的手艺超你一等，创意高你一筹，你的生意就会难以为继。

如何改变这种处境？

你的手艺和创意仍然可以继续帮助你大放光芒，你的店中可以开辟衍生业务，比如可以开辟制衣业务，制衣达到一定数量，可以兑换一次升级服务，由店主亲手绣上精美花样。制衣业务是可以大量复刻的，你的刺绣手艺也因此变得更加珍贵神秘。

这个世界，永远不会缺少出色的手艺和独特的创意。那些经历了风风雨雨的百年老店，如果只凭一位老师傅的惊才绝艳，绝对不可能传承至今。以"秘方"作为吸引客户驻足的噱头，以通用性更广、更易复刻的产品占领市场，是百年老店得以存活的关键。尤其在网络四通八达的当下，相隔千里之遥，对接也只在瞬息之间，一门手艺、一项创意无论如何出色，只要想，就一定能够找到替代品。所以，想做大做强，进行产业升级，需要运用复刻法则，扩大市场占领份额。

风险和学习曲线

新创业者通常需要时间来了解市场、顾客需求及运营策略，而复刻成功模式可以大大缩短这些时间，使企业快速达到盈利阶段，降低失败的可能性。

效率和成本控制

通过复刻，企业可以避免重复发明，从而节省时间和资源，将精力集中在关键领域，如市场推广和客户服务上。

市场机会

在某些行业中，市场窗口期非常短暂，复刻成功模式可以帮助企业迅速进入并占据市场份额。这种策略尤其对那些创业者而言非常有效，因为他们希望尽快在竞争激烈的市场中站稳脚跟。

及时调整，赛道升级

我采访过一位来自成都的唐总。唐总拥有一家机械设备制造公司，在全国已经开设两家分部，第三家分公司正在筹备中。采访中得知，这家公司的前身是一家设备维修店。

唐总的祖父是一位从国营重企走出来的老师傅，当年依靠卓越的维修技术在业界树立起了口碑，退休后开了一家维修店，唐总的父亲接手后将之扩大成了一家维修厂，请了几位同样从国营大厂退休的老师傅坐镇，并招收学徒，允许半工半读。厂子在业界很是红火了一阵，但老师傅们干着干着，摸出了门道，很快就会带着自己的徒弟另起炉灶，对他们的维修厂造成了极大冲击。最后还是唐总的祖父再次出山，凭借自己的维修技术拉回了一波老客户，维持了基本的运转，唐总的父亲也因此打消了继续扩张的计划。

唐总自幼跟随着祖父学艺，十几岁的时候就能独当一面，被业界戏称为"小唐大师"。在采访中唐总这样说：

"当初选择机械专业，就是想有朝一日能够扩大家里的生意。但是，这一领域对技术的依赖性太强了，我有一次到上海为一个大客户维修十几台设备，结果出差几天，厂子就关了几天。那时的情况是，老师傅不敢请，学徒不敢教，自己累死累活，还整天担心大客户流失。毕竟现在很多公司都有了自己的技术部门，很多设备大厂的售后服务周期也从之前的三年、五年发展到现在的十年甚至二十年，作坊式的维修厂越来越不好做。所以，我在经历了两三年的挣扎后，下决心改变经营方向，利用我们在维修这一领域积累的人脉资源，升级做设备。但维修始终是我们的一个卖点，即购买我们的设备的客户，不但可以享受十年质保，客户手里的其他品牌的设备也可以得到免费维修。这使我们的产品迅速得到了市场的认同，公司也迅速在全国重要市场开设了分部。"

唐总没有因为"大师"的美誉而故步自封，发现问题后及时调整，更换赛道，并充分利用积累多年的资源，成功地完成了一次产业升级，也成功转化为可复刻的经营模式。

结合现有的资源，锁定可复刻的目标，创立可复刻的生意，为更长远的发展奠定基础。如果现在的你已经发现手里的生意无法复刻，又不满足于终生只围着小作坊打转，甚至随时担心被替代、被淘汰，那么请结合现有的资源潜心思考，对现有的生意进行升级，或者另辟蹊径，转向经营，用"复刻"作为钥匙，打开横亘在面前的那一道道关闭着的大门，将"触角"伸向更广阔的市场空间。

修复"玻璃心"

听不得批评，经不起指责，喜欢无端的猜想和揣测，
并会因为揣测的结果而忐忑，
进而开始在意所有人的眼光和看法，
进入内耗的闭环，或谨小慎微，或敏感多疑，
或怨声载道，或患得患失……

第二章

战胜焦虑

在反复的练习中，
把原本不习惯、不擅长的事变得驾轻就熟，
成为身体和大脑的本能，
抛弃过往的恐惧，
打开一扇新的窗口。

行为上瘾

什么叫"瘾"？"瘾"是隐藏的疾病。
行为上瘾，
代表着我们对继续还是停止的相关行为的自由选择
能力失去了控制。

跳出苛责和自控的陷阱

内在动机的驱动力越强，
往往会让我们误入自控和苛责的陷阱，
成为内耗的一环。
跳出陷阱，刻不容缓。

复刻修复力：
在不确定中收益

面对失败，有的人能够快速恢复，
重新出发，有的人却一蹶不振。

八大支柱

在均衡中谋求专注，
在慈悲中弹性复原，在沟通中联结伙伴，
在开放中觉察意义，
保持一往无前的赤子之心，
完成自我的灵魂的完整救赎。

为什么说钝感力才是最强大的武器

修复"玻璃心"，是与世界握手言和的第一步。

"今天早晨我到公司和同事打招呼，他没有理我，他是不是讨厌我了？"

"今天开会的时候经理瞪了我两眼，我哪里得罪他了？"

"昨天晚上回来的时候在门口碰见邻居，他装作没看见我。"

"昨天领导又批评我了，这工作没法儿做了，明天就辞职！"

......

我们常听到来自朋友、同事、家人的各种倾诉。

以前，我们在职场培训中会经常听到"抗压力"这个词，并有很多以自己具有较强的抗压能力而自豪。但现在是一个张扬个性的时代，很多人都开始追求自我，强调自己不能再承受过多的压力，不能再用自我牺牲感动别人和自己。只是，矫枉过正，过犹不及，当个性被过度渲染，也使我们开始完全受不得一点儿委屈，"玻璃心"因此诞生。

什么是"玻璃心"呢？顾名思义，如同玻璃一般易碎的心灵。听不得批评，经不起指责，喜欢无端地猜想和揣测，并会因为揣测的结果而忐忑，进而开始在意所有人的眼光和看法，进入内耗的闭环，或谨小慎微，或敏感多疑，或怨声载道，或患得患失……

最大的问题是，一个人不会因为有一颗"玻璃心"而获得更多的认同，别人也没有义务因为"玻璃心"而给予我们额外的呵护。修复"玻璃心"，是与世界握手言和的第一步。

钝感力是最有力的武器

尼采说："无须时刻保持敏感，迟钝有时即为美德。"

有一种说法，如果"玻璃心"代表着对周遭事物的敏感过度，那么，要修复"玻璃心"，首先需要培养自己的"钝感力"。

"钝感力"是什么呢？是一种不过分敏感和焦躁的处事能力，一种可以屏蔽伤害，帮助自己以更从容、更优裕的态度处理伤害、处理负面情绪的适应能力。"钝感力"的"钝"，是"迟钝"之钝，也是"钝器"之"钝"。很多时候，我们不需要那么快速，更不必那么尖锐，某些时刻，慢一步更能够帮助我们看清事物的本质。

我有一位职场上的引路人张老师。她给我的最初印象是睿智而敏锐，她会捕捉到工作进行中的每一个关键点，并适时给出指点，让我们事半功倍。有时候我又很奇怪，在与同事们聚餐或开会时，对于一些话题中的攻击意味，她却总是察觉不到，每次都不着痕迹地把话题带回对工作进度的探讨上。她的口才和反应能力，一度令我折服，我不相信她听不懂那些含沙射影的攻讦。有一次私人聚会，我和她提起了这个话题，她恍然大悟："原来那些人说的那些话是那个意思啊。我还真没怎么听明白，当时就是觉得和工作的关系不大，就把话题引回正常的工作讨论上。"

张老师的强大之处，在于她不是假装听不懂，而是真的不在乎那些对于工作没有助益的话题，也屏蔽了那些向自己抛过来的负面情绪。用张老师的话来说："你的情绪垃圾与我无关，你用一种不恰当的方式表达了你的意见，但我没有收到。下回如果想让我正视你的想法，麻烦请通过一种更积极、更有利于沟通的方式传递给我。"

你的眼睛也会欺骗你

"玻璃心"的人心思更加细腻，更加在意过程中的细枝末节。记住，此处的细枝末节不同于细节管理中的细节。后者强调的是由小至大、事无巨细的精细管理，前者是将注意力放在那些无关最后成果，完全可以忽略不计的琐碎枝节上。"玻璃心"者见树木不见森林，很容易对一件事的前因后果做出各种不以事实为基础的揣度，从而影响自己的判断。

但有时候，即使是我们的眼睛看到的，也并非全部的真实。

我在采访中，也曾经陷入过"玻璃心"的怪圈。华南的路总是一位技术型创业者，我对他的破冰采访开始得很愉快，之后每一次的交流也非常顺畅。但在华南一次大展上，我路过他的展位，第一次向坐在展台上的他挥了挥手，被他忽视，第二次依然如此。我当时非常沮丧，并反复回想问题出在哪里，是不是自己哪里做错了，才导致这个变数。展会第二天，我还在整理资料，路总就来到我们的展位，一脸歉意地说："今天一大早就有同事告诉我，你昨天经过我们的展位好几回，每回都向我挥手打招呼。但是吧，昨天我就是一个'睁眼瞎'。"

原来，昨天路总到展位后，隐形眼镜滑落，想回公司取备用眼镜，还被唯恐他一去不返的同事拦住，于是一整天坐在展台上扮演了一个见人就笑的"吉祥物"角色。除了走到跟前和他握手寒暄的人，所有人的脸在他的视野中都是一片模糊。

看吧，事情就是这么简单，路总对我的视而不见，是真的"视而不见"。如果我当时时间不紧张，上前攀谈两句就能了解究竟。但我竟在没有求证的情况下，自己"脑补"出一出大戏，其实大可不必。

况且，从另一个层面来说，就算路总真的不想理我，那又如何呢？现在，我甚至可以笑着对那些曾挂过我电话的受访者说："虽然您不想搭理我，但我还是要厚着脸皮浪费一下您的时间。"身处职场的我们，专业是工具，解决问题是导向。如果能够在完成工作的过程中收获合作伙伴的欣赏，是工作之外的珍贵馈赠，可欣然接受；反之，如果合作伙伴与我们的个性并不契合，只要能完成工作，其他的并不重要。

豁达是"玻璃心"的黏合剂

其实，比起看不起别人，我们更容易否定自己。只需要一次失败，我们就会把自己全盘否定。这个时候，身边如果再有一些嫉妒、中伤、刁难、诋毁，无疑是雪上加霜。很多人也会因为对环境不满而频繁地更换阵地，使自己的心始终处于一种颠沛流离的状态，不停地在适应环境与更换环境的过程中迁徙。以上种种情况，都很容易产生一颗脆弱的心灵；而无论哪种情况，豁达都可以成为强力的"玻璃心"黏合剂。

不以物喜，不以己悲，表达的是一种恒定的精神力量；看得开，想得开，吃得开，混得开，是很多普通人的朴素梦想。

战胜社交焦虑的 3 大方法

沟通是一扇永远为你打开的窗口，交流是一条可以送你到达远方的河流。

你是"E 人"，还是"I 人"？

现在，关于 MBTI 测试（迈尔斯布里格斯类型指标 MBTI 表征人的性格）的话题算是流行话题之一。毕竟，人们生活在这个世界上，与人交流是基本的生存需求。当一位入职不久的同事拿起电话就打，三五句就将客户引入正题，大概率会有人在旁边感叹一声"妥妥的'E 人'啊"；当一个搬到你隔壁半年的邻居，每次见面打招呼的声音仍然细得几不可闻，而且每次都是一脸恨不得钻进地缝的表情，你回家后可能会与家里人谈论"隔壁那孩子真是个'I 人'，这么长时间了还不敢看我的眼睛"。

当然，我们这个层面所谈到的"社恐"也好，"I 人"也罢，都没有上升到"社交恐惧症"的高度，更多的是一种较为内向、不善交际的职场类型。随着竞争的加剧，社交需求越来越多，迫使一些一直待在幕后的小伙伴不得不走到幕前，于是大量的社交焦虑被"制造"了出来。

"我不想和那么多人说话，我该怎么办？"

"我一定要和他们沟通吗？"

"有没有人帮帮我，这话要怎么说啊？该怎么办啊？"

是啊，怎么办呢？

先从模仿开始

2020年"双十二"期间，我去昆山参与一场活动，需要采访当地刀协新上任的领导——房总。我与房总此前并不认识，到了现场，几次约好的采访时间却都因为各种各样的事情而推迟。我找到了房总的助理，向她打听房总不接受采访的原因，以便我调整行程。小助理说："我们领导有点儿'社恐'，不好采访，他自己排斥，又不想得罪媒体，所以就找各种理由推迟。"

我把几位其他地区刀协领导的采访稿或视频发给了助理，请她交给房总过目。对于与房总存在竞争关系的邻近地区的刀协领导的采访，我同时发送了稿件和视频，双重保险。

一个小时后，采访开始。房总表示说，之前不接受采访，是实在不知道该怎么表达，认为和人说话实在不是他的长项。在看了几位"大佬"的发言后，基本找到了基调，可能不会有什么独到的见解，但至少能模仿他们的表达方式，让自己迈出一步。

记得时常练习

现在，房总在接受采访时已经可以侃侃而谈，他也经常说起自己模仿他人的过往，并感慨：练习的确能够创造奇迹。

过去的房总，更喜欢待在实验室或者车间里进行研发，看着自己研发的产品生产成型。但作为协会领导，上台发言和接受媒体采访都是日常工作的一部分。不进则退，房总想使自己的人生更进一步，只有迎难而上。

在反复的练习中，把原本不习惯、不擅长的事变得驾轻就熟，成为身体和大脑的本能，抛弃了过往的恐惧，打开一扇新的窗口。

注意力转移

在与我的交流中，房总还谈到了他的一个小技巧——注意力的转移。

"作为一个多年的'社恐'，我和人说话时，一般不敢直视别人的眼睛。一开口，脑子里就剩'紧张紧张真紧张'这样的念头。我第一次接受你的采访，虽然打定了主意要抄'大佬'们的作业，但真怕自己话说到一半就跑题了。所以我刻意把声音提高，并将注意力集中在自己的声音上，还一再强调刀协的来年计划，让'计划'两个字在大脑中来回打转，不让自己的大脑有机会冒出'紧张'这个念头。这个方法亲测有效。"

这里的注意力转移，并非是说一心两用，反而要将注意力高度集中于当下，集中到正在进行的话题上，并在大脑中将某个关键词进行深度描绘，驱逐那些容易造成自己社交恐惧的诱因。

你是"E人"，还是"I人"？你是"社牛"，还是"社恐"？

无论你属于哪一种类型，请记得，沟通是一扇永远为你打开的窗口，交流是一条可以送你到达远方的河流。打开那扇窗，走向那条河，前方一定会有不一样的风景。

如何戒掉上瘾式的行为

谢绝强制，清醒自赎，从将手机放到远一点儿的那张桌子开始。

"这局打完就下线！"

"看完最后一集就睡觉！"

"这场直播马上结束，完了就走！"

信息大爆炸为我们带来了什么？带来了浩瀚如海的资讯，以及目不暇接的"大杂烩"。明星绯闻、美妆时尚、穿衣搭配、旅游指南，甚至修驴蹄子……各种各样的视频都能将我们每个普通人的手指吸在手机或平板电脑的屏幕上，在滑动中度过一个又一个周末，欲罢不能。

每天睡前，手里握着手机；每天睁开眼，伸手探向手机。

什么叫"瘾"？"瘾"是隐藏的疾病。行为上瘾，代表着我们失去了对继续还是停止的相关行为的自由选择能力。

当下，能允许我们完全不用电脑的工作也越来越少，上瘾型的科学技术正在成为主流生活的一部分。据调查，大多数人每天在手机上所用的时间为 1 ～ 4 个小时，智能手机大肆侵占了我们的时间，控制了我们的言行。如今，"床＋手机＋人＋夜间晚睡＋周末不出门"正在形成新的行为上瘾模式，所谓"世界大通病"，莫过于此。

但是，我们已经不可能完全扔掉手机，也不可能让网络科技倒退。大禹治水，之所以堵不如疏，是因为洪水已成滔天之势，仅仅是堵，已经没有办法使其截流返归。

不要仅仅依靠意志力

意志力对于成瘾的行为模式来说，就像大禹之父用来围堵洪水的泥土，不是没有效果，而是太容易再次决堤，一泻千里。

每一个人心里都住着一个叛逆的孩子，当我们强制性调动自己的意志力来压抑某个习惯时，这个孩子就会苏醒。当我们只告诉意志力不能做什么，没说需要它做什么时，叛逆的孩子就会更加嚣张。因为没有焦点就无法聚力，没有锚点也无从稳身。

所以，我们可以看到，那些仅仅依靠意志力来戒掉某个成瘾行为的人，结果大多铩羽而归。而且，这种失败还会在他们的潜意识中形成意志力不够坚定的暗示，对他们的未来形成一种无形的阻力。

把数字技术利用起来

打不过就加入，戒不了就让它成为一项工作。我们的很多爱好就是变成不得不完成的工作后，才渐渐消失的。

当在网络上的输出已经不足以满足大家的表现欲时，短视频平台横空出世。我们这些看客，逐渐开始走进屏幕里。

我采访过的华南于总，她现在将网络作为产品展示的主要平台，每天除了处理工作，剩余的时间都用来拍产品说明视频、拍产品照片、拍加工过程和操作流程。修图、修视频、上传，她兢兢业业地打理着自己三个平台的所有账号。手机在她手上，不会用来刷八卦消息，不会用来自拍，只用来回复准客户的咨询和留言。

总而言之，如果已经确定自己扔不掉手机，那就成为屏幕内的一分子，将行为上瘾转化为可持续性发展的更多可能。

以好替坏，切中核心

一个习惯的养成周期大概需要二十八天，此过程中我们需要小心翼翼地保护和坚定自己的信念，稍有差池，就会前功尽弃。北方市场的马总曾告诉我，他有一段时间练习晨跑，一连坚持了二十一天，身体甚至已经感觉到了晨跑带来的好处，但第二十二天崴了右脚，等到这只脚复原如初，晨跑这件事，就变得好像从来没在他的生命中发生过一样。

人是具有惰性的动物，一个坏习惯，比如睡懒觉、赖床、迟到等，无须二十八天，只要一周，就可以形成惯性。而一个好的新习惯的形成，不仅需要时间，还需要巧妙地切中原本不良习惯所能给出的奖励核心。比如，周末早晨在床上刷手机，是因为这样做可以让我们充分感受到假期的快乐，那就在同一时间内拿起一本不错的书。用阅读取代刷手机。同时，还可以把手机尽可能地放到不便于拿到的地方。在这种贪图舒适、惬意的时间段内，一点点距离的改变，都会降低拿起手机的频率，从而削弱心理迫切性。

时代的洪流无法逆转，无论是因势利导，还是削弱利用频率，都可视为对行为上瘾的一种自我规劝。谢绝强制，清醒自赎，从将手机放到远一点儿的那张桌子开始。

怎样接纳"并不完美"的自己

内化社会规则而非被迫接受，相信个人的力量，最终能形成一个强大的、独立的自我。

尼采说："一个人知道自己为什么而活，他就能忍受任何一种生活。"

人为什么要知道自己为什么而活？在这个竞争日益激烈、生活日愈高压的大环境中，我们应该如何实现自我的健康发展？答案是增强自己的内在动机。

能够有效提升内在动机的方式之一是选择。一个人能够自主选择的空间越多，内在动机的驱动力就越强，这几乎是必然的。做自己愿意做的事情，与在外力裹挟下不得不做，前者为自主，后者为控制。自主，意味着我们可以依据自己的意愿行事。被热爱所驱，为意愿所使，付出的时间、艰辛和努力，均回馈给真正的自我。

然而，内在动机的驱动力越强，往往会让我们误入自控和苛责的陷阱，成为内耗的一环。跳出陷阱，刻不容缓。

提升自控力，识别陷阱

自控力可锻炼、可增强、可消耗，且有消耗极限，过度使用之后会感到疲惫，甚至失控。

如何锻炼自控力？可以每天改变一点点。做几分钟的冥想，改掉一个无伤大雅的小习惯，更换一首听习惯了的音乐等，都可以使我们的"精神肌肉"得到锻炼。而且，我们的"精神肌肉"和身体肌肉有着相同的运作模式，同为"一天之计在于晨"，即每天晨起时，身心皆为最佳状态，所以，请把重要的事情放到早上去做。

仔细地体会和记录每一次产生渴望、行为趋向时的内心感受，也许你会发现，你以为的快乐，其实更多的是一种错觉。**很多看似在自控导向下的行为，其实只是踩中了生活中的渴望陷阱。**你喜欢刷购物网站，其实可能是因为受到短视频平台上那些号召消费主义的广告的误导；你喜欢吃炸鸡，可能只是因为受某部韩剧影响。

当我们能够及时洞察自己的行为到底是自控导向还是表层的欲望驱使时，就会意识到生活中的渴望陷阱无处不在。很多陷阱都在试图诱导我们脱离真正的自控驱使，屈从于表层的感官享受。识别某种渴望是否为陷阱时，可以自问一句：我如果做了这件事，会不会陷入自我苛责？

原谅，而不是苛责

若内在动机的驱动力不断变强，我们对于某些事情的完成就可能会形成一种执念。这种执念造就了一些完美主义者，而当某些事情的完成效果并不如所想的那般完美时，他们便极易踏入自我苛责的陷阱。

仔细想想，我们都曾经干过很多没有原则性的错误，却总会让我们扼腕的"蠢事"，比如，心心念念减肥一天，在下班路上屈服于路边的麻辣烫；

决定不再喝奶茶，却在同事的怂恿下又一次点了外卖；写下了存钱计划，卸载了购物软件，第二天又重新安装回来，并购买了一堆实际并不必需的物品……

这种食言而肥的行为，好像对自控力的提升有害无益。但研究表明，过于严厉的自我批评反而会降低积极性和自控力，自我同情则恰恰与之相反。

此处还要提一下华南路总。第一次采访的时候，路总给我的感觉是一位自律甚严、绷得有点儿紧、追求细节的专业人士。后来的相处证明这个感觉还算准确，他对很多事情力求完美，经常把他那位负责和我对接的助理逼得向我哭诉。但是在 2020 年到 2022 年期间，我在与路总的电话沟通中，慢慢感觉到他变得越来越松弛。

2023 年春天北京大展，路总已经与以前完全不同，整个人很放松，很自在，他吐露了自己的改变之法。

"很多时候，枷锁都是我们自己套给自己的，我们的专业水准，同事们的专业素养，不会因为你绷得没有那么紧就打了折扣。生活教会我的一件事，就是对自己不必那么苛刻。允许自己犯个小错，开个小差，花一点儿时间关注自己，认清自己只是个肉体凡胎，出错很正常，力有不及也合乎常理。"

路总的"大彻大悟"，有社会大环境作为催化剂，而那些如以前的路总那样对自己有诸多苛责的完美主义者们，请学着打开枷锁，不要过分地压抑自我，导致自己陷在自我批评的泥沼中不能自拔。必要的时候，请大家尊重并支持自己的决定，给予自己足够的时间和空间完成探索。

接纳，并全部接受

人类是唯一会考虑未来各种可能性的物种。

我们通常把未来的自己设想得非常美好，强大、自律、坚毅……仿佛配得上自己想象到的所有的褒义词，会完成过去或者今天立下的所有目标。

但是，真的如此吗？

不妨致电未来的自己，或者给未来的自己发两条短信。也许，未来会有两个你，一个是实现所有梦想的成功的你，一个是一事无成的浑浑噩噩的你。对前者，你会说什么？对后者，你又会怎么说？

前者的成功一定少不了今时的你的努力，后者的失败也一定和现在的你不无关系。想象那两个人的对比，问问自己到底想要什么。如果两个人都是你，你就一定要舍弃其中一个吗？接纳自己的优秀，接受自己的不好，是我们作为人的权利。

白熊实验告诉我们，我们越是抗拒某样东西，那样东西就越会出现在我们的想象中。于是，当我们不断地告诉自己不要吃麻辣烫、不要喝奶茶、不能睡懒觉时，这些信息会以更霸道的方式入侵我们的大脑。

如何与这些难以遏制的念头对抗？很简单，放弃对抗。

接纳自己的想法，接受所有的情绪。我们来试一下经济学家拉克林给出的技巧——减少行为的变化性。当脑海中跳出一些挥之不去的想法时，最好的办法不是禁止自己想起它，而是放松下来，做个深呼吸，接纳它，想象它：它如一阵微风，吹拂在你的脸上，随着一次又一次的深呼吸，这些风慢慢消散，直至完全消散在空气中……

所以，面对各种诱惑、陷阱，我们可以大大方方地承认自己的情绪，接纳自己的想法，暂缓我们的脚步。我们最终会发现，接纳自己的欲望，接受并不完美的自己，很多陷阱就会自行消亡。

你的救赎就是你的动力

在均衡中谋求专注，在慈悲中弹性复原，在沟通中联结伙伴，在开放中觉察意义，保持一往无前的赤子之心，完成自我灵魂的完整救赎。

你现在的生活是一种什么样的状态？

毫无意义地忙碌？超高速地运转？日复一日的麻木倦怠？在 KPI 的压力中负重前行？还是正在梦想和生计之间挣扎？心里想着诗和远方，但不得不屈从于牛奶和面包？

高压强的生活状态，与我们如影随形。但人需要喘息，生命需要能量的补充，如何在这样湍急的河流中，让自己获得喘息的机会，补足能量，再度启航？

美国心理学家莎朗·莎兹伯格的著作《一平方米的静心：一份让自己乐在工作的静心邀请》中，提到了八大支柱：均衡、专注、慈悲、弹性、沟通和联结、正直、意义、开放的觉察。它们或许能够帮到我们。

八大支柱

我们该如何运用八大支柱帮助自己呢？让我们跟随莎朗·莎兹伯格的文字，共同探讨个中真谛。

当我们发现生活和工作边界混淆，好像没有下班这回事的时候，需要的是"均衡"。 均衡强调的就是"优先级"，将每日的工作进行梳理，列出今天必须处理的 6 件事情，以重要性、紧急程度、趋势 3 个层面对这件事情进行打分，每个层面最高 5 分、最低 1 分，3 个得分相乘，按照分数从高到低的顺序对事情进行优先级排序。那些不重要的事，当然可以暂时搁置，别让它耽误了我们下班回家的快乐脚步。

当我们发现自己做 A 工作时老想着 B 项目或 C 事件，又或 D 事务时，需要的是"专注"。 一心多用并不能提高工作效率，同一时间只处理一件事情可以有效地避免低效，同时还可有效对抗拖延症。

当我们发现自己开始讨厌某些同事，甚至暗暗地憎恨他们的时候，需要的是"慈悲"。 这是从不完美和错误中重新开始的能力。

当我们发现自己特别坚守立场，很难为别人做出一丝一毫的妥协时，需要的是"弹性"。 绷得太紧，无论是身体还是精神，都容易感觉到疲惫。

当我们发现周围所有的人都公事公办，让我们感觉总是缺少一丝温情时，需要的是"沟通和联结"。 人是社会性动物，终究离不开同伴。

当我们经常不确定某些事情该不该做，摇摆于伦理和利益之间时，需要的是"正直"。 这是一种把深入的道德观念带到职场上的能力。我们要认清自己的意图，不贬低自己的价值。当工作内容与我们的道德观发生冲突时，要坚守道德底线。

当我们对工作的无力感越来越强，对自我、对未来所面临的困难都充满了疑惑时，需要的是"意义"。 意义将工作分为 3 个层次：把工作当工作，把工作当事业，把工作当使命。

当我们发现日复一日都是在麻木地重复，工作只是为了混口饭吃时，需要的是"开放的觉察"。这是看到不同的可能性而不画地自限的能力。从不同的角度，看到工作的不同样貌，抛开僵化和自我设限，让自己的内心处于打开的状态，海纳百川，有容乃大。

走自己的路

2024 年春天，三八妇女节前夕，我在做"杰出女性"专题，为此采访了行医二十年的中医梁女士。梁女士给我的感觉是平静且温和。她年轻时曾经历中医最艰辛的岁月，也曾犹豫过是否要放下银针，拿起柳叶刀。在采访中我提出了一个很犀利的问题，但梁女士的回答让我很意外。

"您当时没有动摇过吗？"

"当然动摇过，一个小姑娘，思维还没有成熟，心态更是一塌糊涂，怎么可能不受影响？我最后还是报了医学院，而且是西医。我现在的中医学历是念到大二的时候，实在没有办法拗过自己心里对中医的热爱，瞒着家里人转了系，从本科一直念到研究生。"

接下来的整场采访，梁女士以不疾不徐的口吻，将自己过去二十余年走来的岁月缓缓展开。她每天事务繁多，因此就用一张优先表格，决定当天、当周、当月需要处理的事项的优先顺序。她能够以高度的专注力，将表格上记录的每件事逐一解决。

她原谅了那个曾经怯懦的自己，没有在过去的错误中沉湎太久，从挫折和失败中获得了复原的能力，并不断武装现在的自己，将一份始终坚守和热爱的事业，视为此生不渝的使命，与众多同道中人同声共气，共同托举着中医的脊梁。

这是一位优秀的女性，一路走来，栉风沐雨，初心不改。在她身上，八大支柱中的每一项品质都得到了淋漓尽致的体现。就像她在采访最后强调的：

"我不是圣人，甚至算不上名医，但我愿意为了这份事业和使命，在中医绵延千年的发展史中尽我绵薄之力。至于那个曾经因为一时怯懦想着要抛弃中医的小丫头，我已经把她抱进了怀里，未来，她会和我一起努力。"

高压强的生活，会让一个人混乱、忙碌，但斗志全无。八大支柱的奥义，禁得起更多的探究和应用。在均衡中谋求专注，在慈悲中弹性复原，在沟通中联结伙伴，在开放中觉察意义，保持一往无前的赤子之心，完成自我灵魂的完整救赎。开始吧，无论出发多久，归来仍是少年的我们。

空杯心态

一只空杯，可装新水；
一个保持学习热情、求知欲旺盛的新人，
可以抓住成长的契机。
当你找不到方式方法时，
至少可以从学习开始。

第三章

借力是一种彼此给予

只有真正健康的人际关系，
才可能产生健康的、
互益的、
有利于彼此发展的推动力。

人际关系的"百慕大三角"

那些并非源于直接接触而造成的间接沟通，
导致了施害者、受害者、
拯救者三种角色，
形成了人际关系中的"百慕大三角"。

表达

处变不惊是一种情绪修为，
情绪稳定是一种生活需求。

复刻社交力：
做人际关系的磁吸者

坏的人际关系总能带来负能量，而
好的联结则能帮我们补充能量。

利他就是利己

以利他之心，行利他之事，
跳出自我局限，
以旁观者的角色纵观全局，
能够更加清楚地判断他人的需求，
提供更具价值的支持。

履新：如何度过职业生涯的转变期

一只空杯，可装新水；一个保持学习热情、求知欲旺盛的新人，可以抓住成长的契机。当我们找不到方式方法时，至少可以从学习开始。

履新，可以是新入职场的新人，也可以是调任或提升到全新岗位的资深从业者。无论前者还是后者，都迎来了职业生涯的转变，以及全新的开始。

我们时常说要进行角色转换和自我定位，却很少有人谈论如何适应角色的转换，如何对转换后的角色进行准确的自我定位。

适应角色转换

如果你是职场"萌新"，首先要清楚学校和职场的区别、同学和同事的不同、老师和上司的迥异。以一个最基本的常识——交作业为例。

在学校，如果老师让你在周一之前把课题作业交上来，无论你出于什么原因没有如期完成，只要向老师说明情况，就可以把交作业的时间延长至周三、周五，甚至下周一。但在职场，如果你周一前没有完成领导要求的方案，可能就会耽搁了周二的方案碰头会，进而导致周三的方案修改、周四的方案审校、周五的方案发布等一系列后续工作均无法进行。

摒弃学生思维，是职场新人的第一步。

在学校做团队课题，如果因为你一个人耽误了进度，事后或许可以通过一杯奶茶、一顿饭抚平同学们的不满。在职场上，如果因为你的失误，造成一个部门的同事需要一起加班或者一起担负责任时，是不可能靠一杯奶茶弥补同事们的损失的，更没有办法用一顿饭消弭同事对你的反感的。最有效的方法，是你迅速进入角色，每天按时到达公司，及时完成工作内容，不等、不靠、不要，以职场人的身份担负起应该担负的职责。

一句话：**小孩子可以靠撒娇和耍赖从大人手里获取一切，大人只能依靠智慧和力量得到报酬。**

保持空杯心态

对于职场"老人"来说，角色的转换应该比新人要来得驾轻就熟。

无论是平调还是升迁，都需要一个心态调适的过程。在前一个岗位获得的经验、取得的成绩，不妨暂时清空，以新人的姿态学习、接受、融合，从而最快地完成角色的转换。

在前文，我曾提到过一位任职于行业龙头企业的丁经理。丁经理在该企业工作了十几年，从基层人员一步步升迁为部门经理，又经历过两次平级部门之间的调任，他不停地放弃过去的成绩，从零做起，但又能巧妙地借助过往的经验，为自己新的职业版图夯实基础，顺利完成从旧到新的转变，度过了在旁人看来有些尴尬，但在他体验中非常具有乐趣的履新期。

"像所有刚入职场的新人一样，让自己进入空杯状态，了解新岗位的工作内容，进行有针对性地学习和提升，并将你过去的才能、才华及工作经验重新整合，形成新岗位所需要的工作能力。这个过程，可以称之为重塑，也可以称之为转换，总之，就是竭尽所能地帮助自己更快地适应新的工作岗位。"

明确自我定位

前文中的丁经理，每一次的履新，都让自己回归职场新人，进行有针对性地学习和提升，再将过去的经验和能力化为能量，成为新岗位的养分。这是他对自己所处的转变期的明确定位。

真正的职场新人又该如何自我定位？你可能曾经是"学霸"，是学生会干部，是让很多同学倾慕的风云人物……但是，当你从学校进入职场的那一刻，自己应该主动将所有的身份标签全部撕下。

现在，你只是一个职场新人，一个对职场规则一无所知，需要学习专业能力、充实专业知识的新人，更是一个需要在职场起步阶段养成专业职业素养、树立职业形象的新人。在这样的定位之下，你可以定下心来，观察职场前辈的工作方法，接受职场培训的专业灌输，摸索行之有效的工作方法。

去年，我们公司招了两位新同事。一个月的培训结束后，小陈回到苏州一周后就提出了辞职，理由是她感觉自己遭遇了职场霸凌。"小兆比我能言会道，会讨好人，所以公司的几位前辈都喜欢她，这一点我能理解。但他们凭什么帮着小兆欺负我？"这句话，是她在微信中向领导请辞时发送的文字信息。虽然不是语音，但字里行间的强烈情绪仍然扑面而来。

最后负责人事管理的同事给出了分析：

"和小兆相比，小陈应该是从小到大更容易得到别人喜欢的孩子。她成绩不错，会有老师夸奖；相貌出众，会有朋友羡慕。但入职之后，这些优势并未让她与小兆拉开差距，小兆反而因为自己旺盛的求知欲而进步神速。最关键的是，小陈曾有两次将自己写完的稿子越过几位老编辑直接交给美编排版；美编看出了一些问题，发给她修改，她一字未改地再发回美编，美编只能将稿子发给了领导。"

小陈的问题出在哪里呢？角色转换不到位，过往包袱略沉重，还是自我定位不明确？

以上原因应该都有。但在小陈看来，她这次的从业经历，仅仅是经历了一次包括美编在内的职场霸凌。我无法预测她下一次履新是否能够一切顺利，但可以断言她此次由学生向职场人的转变完全失败。既然她认定这是霸凌，那么别人的指导对她来说就像过耳的微风，她也因此不可能从这次失败中吸取任何教训。**一场没有收获的不欢而散，对一个人的成长何尝不是一种浪费？**

所以，**当我们踏入一段新的职业生涯时，无论过往是辉煌还是黯淡，都请暂时"封印"。一只空杯，可装新水；一个保持学习热情、求知欲旺盛的新人，可以抓住成长的契机。当我们找不到成长的方式方法时，至少可以从学习开始。**

禁止：什么是人际关系的"百慕大三角"

在一段健康的人际关系中，只要保持两点一线的直线沟通，没有第三方的介入，就不会形成让很多人谈之色变的"百慕大三角"。

位于大西洋三角地带的传说中的"百慕大三角"，神秘且恐怖。无故坠毁的飞机、不由自主的船舶，在这个永远都在旋转的巨大漩涡中，被吞噬，被湮灭，消失得无影无踪。

其实人际关系中，也存在着可怕的"百慕大三角"。

百慕大三角

A 和 B 不睦，A 当着 C 的面，公开评论 C 的某项身体特征，比如个子偏矮，不像 B 那么高挑。结果，出于人性的本能，C 首先讨厌的人，可能不是搬弄是非的 A，而是被认为比自己优秀的 B。B 在感受到恶意后，自然也不会忍气吞声……A、B、C 此时就构成了一个循环的三角漩涡。但事实上，在 A 说出那句话之前，B 和 C 之间一直风平浪静，而这次的交恶，也不源于彼此的直接交锋。

当一个人与另一个人发生了争执，却避开了与对方直接沟通，转而向第三方抱怨、诉苦时，可能是为了争取同盟，也可能是为了给对方制造一个敌人。即A、B产生矛盾，A没有和B沟通，却在C面前痛诉B的种种不是。结果，A与B的关系更加恶化，B也对C心生芥蒂。那些没有直接接触的间接沟通，导致了施害者、受害者、拯救者三种角色，形成了人际关系中的"百慕大三角"。

吞噬和腐蚀

今年的"三八"特别专题中，我采访了一位从事人力资源管理三十年的职业经理人卫老师。这位年近六旬的女士谈到了她几十年的人力资源管理工作中最讨厌的员工类型。

卫老师接到公司上层的决议，要在公司中层干部中开展一次团队意识的培训活动，但众口难调，公司规模大、部门多，大家的时间都不好安排。

"我召集了所有部门经理，先颁布公司决议，后请大家群策群力，安排时间、课时数、场地、培训内容。为了不耽搁工作，我们还制定了正副手两班轮替制度……为了这场培训活动，我们整理出了三套方案，再请大家根据各自的时间安排，选择不同的方案。结果，有两个人在会上一言不发，不知道是不敢说，还是不愿说。会议结束后，那两个人就在办公室大厅里聊起了这次培训行程安排中的各种不合理，甚至还把已经对培训方案表达过意见的其他同事拉过去一起讨论。他们这样的行为会不会影响到团队的凝聚力？他们要么完全没有考虑这一点，要么毫不在意。"

人际关系中的"百慕大三角"，具有极强的破坏性。它拖延了问题的解决进度，恶化了问题中的矛盾和症结。如果不想让它继续腐蚀我们的人际关系，就需要找到解决办法。

指出问题，找到症结

如果我们觉得自己或同事已经身陷人际关系的"百慕大三角"，那么第一件事就是确定自己正在扮演着哪个角色。施害者 A、受害者 B，一直处于直接互相作用的关系中，如果确定自己是其中的任何一方时，请找到对方，直抒胸臆：我们之间最大的问题是什么？我们是从什么时候开始不能好好相处的？你对我的意见是什么？如果做不到喜欢彼此，是否可以确保不让负面情绪影响到工作？沟通，直奔主题地沟通，不必迂回曲折，越是坦诚，越有利于问题的解决。

如果我们的角色是拯救者 C，则最好处理，及时抽身，防止自己被拉下水即可。

总之，在能够直接沟通的情况下，一定要直接沟通，任何来自第三方的转述，都可能使误会加深、问题加重。

制定规则，接受反馈

"如果想让我正视你的想法，麻烦你通过一种更积极、更有利于沟通的方式将想法传递给我。"

前文两次提及的张老师，在与同事们的相处中，制定了自己的处事规则。有人喜欢含沙射影，话外有音，张老师一概以"听不懂"进行处理。

"如果你不能学会正确地表达自己的意见，抱歉，我很难接收到你的信息。"

"可以直接告诉我，你想表达什么吗？"

张老师的这些处理规则清晰直接，使人能够更简单地表达自己的想法，对于会腐蚀团队基石的"百慕大三角"来说，更是一种正面的"硬刚"。

当对方发现只有这种直接的方式才能解决他所面临的问题时，一定会选择走到我们面前。这个时候，我们就要成为一个良好的倾听者，一个有效的信息接收者。

通过直接沟通，我们会了解对方产生不同意见的起因，没准儿就是一场误会，也可能是我们曾经某一句无心之语触碰了对方的禁区。无论如何，接受这个反馈，积极回应，正面作答。在一段健康的人际关系中，只要保持两点一线的直线沟通，没有第三方的介入，就形成不了让很多人谈之色变的人际关系的"百慕大三角"。

如果你还在"百慕大三角"中泥足深陷，不妨对着你所面对的那个人大喊一声"我们谈谈"。如果对方也在期待着建立一段可以受益终生的良好的人际关系，就一定不会关闭沟通渠道，达成一场彼此都愿意付出努力改变现状的双向奔赴。说出你的疑惑，打消对方的疑虑，不回避、不隐讳，让"百慕大三角"在人际关系中失去栖身之地。

借力：怎样建立真正的人际关系

借力，并不是对朋友的单方面索取，而是一种支持能量的彼此给予。

关于人际关系，现在有一种非常成熟的观点，即将人际关系划分为以下四个层次。

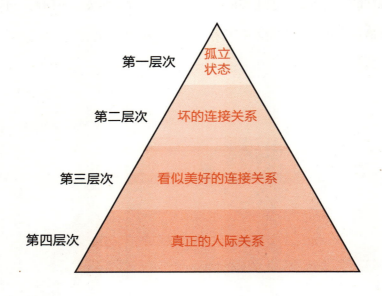

第一层次　孤立状态

第二层次　坏的连接关系

第三层次　看似美好的连接关系

第四层次　真正的人际关系

何谓真正的人际关系？首先，彼此坦诚，所有的语言交流均具有建设性，进而建立健康有益的互动，然后是有效的倾诉和倾听。

益者相交，道合而志同

建立真正人际关系之前，首先需要明确一点：什么样的人值得我们花费时间和精力去结交，并值得投入时间和精力去维护与之的关系？

孔子云："益者三友，损者三友。友直，友谅，友多闻，益矣。"

孔子认为同正直的人交友，同诚信的人交友，同见闻广博的人交友，是有益的。有益，是结交的前提。"益"在这里，可以理解为"助益"，三观相近，互为支持；也可以理解为"利益"，互相欣赏，目标一致。三观相近可为朋友，此为道合；目标一致可为伙伴，此为志同。而朋友和伙伴，都需要我们花时间和精力去结交和维护。

一个能够对我们有所助益的朋友，会促进我们的提升，增加我们的见闻，助力我们的学业或事业，开阔我们的视野。他带给我们的反馈，多是正面的、积极的、向上的。但这不代表对方不会提出意见，只是这个意见一定是基于能让我们变得更好的初衷提出来的，且不会以一种尖锐的、刻薄的表达方式传递给我们。

一个和我们有着共同利益的伙伴，会关注我们的工作效率，改进我们的工作方法，提出可执行的有效建议，减少所有不利于目标完成的打扰。目标完成过程中，对方会和我们同心协力；目标进度受阻时，会和我们一起排除阻力；目标完成时，会和我们分享喜悦。

如何建立真正的人际关系

如果已经遇到了志同道合的人，如何与对方建立起真正的连接呢？

第一步，让别人看到。

这里的"让别人看到"，一种是物理意义上的看到。初涉职场的人，最快被别人看到的方法，就是在公司的公共活动中大胆"出镜"。比如年会庆典，可以根据自己所具备的某些长项进行自荐，成为主持人、上台唱一首歌、弹一首钢琴曲，或者朗诵一首诗，等等。如果想突出的是工作上的出色表现，那就精心准备每一场部门会议，发言尽可能地简练但不乏亮点。比如进行一周总结，就用最快的方式列出你做得还不错的地方，得到帮助的地方，需要同事或领导支持的地方，等等。

还有一种看到，是刷"存在感"。比如在公司内刊、网站、公众号上发表文章，在朋友圈积极转发公司的相关文章，写一些工作感悟，透露一些兴趣爱好等。前者可以让公司领导感受到我们的归属感，后者则有可能吸引与我们有相同兴趣爱好的人，提升朋友圈的含金量。

第二步，主动走近，倾诉和聆听。

主动迈向那个在我们看来值得结交的人。如果对方是一位经验丰富的职场前辈，那就从请教工作开始；如果对方是一位和我们同期进入职场的同事，那就从互相倾诉职场困惑开始；如果对方是合作公司的员工，那就从提供帮助或寻求帮助开始。倾诉可以破冰，聆听可以使彼此的关系有质的升华。

第三步，互利。

无论是朋友还是伙伴，我们都需要明白一点——我们不能永远扮演接受者或给予者。健康的关系一定是对等的，接受对方带来的助益，也给予对方需要的帮助。

举一个最浅显的例子。

我们崇拜一位明星，无论对方对外的形象如何，我们都只是粉丝，不是他的朋友，更不是他的伙伴。如果有一天，我们应聘成了对方工作室的工作人员，却仍然持着一颗对偶像的崇拜之心，那么我们将永远没有办法为对方安排最合理的工作日程。太密集，担心他工作负荷太重吃不消；太稀松，又担心对方出镜率偏低造成口碑下滑。如果想与对方并肩作战，我们必须将自己调整到工作伙伴的状态，对方提供薪水，我们提供智慧，有着一致的目标，考虑所有的综合因素，制订出一份可能不够完美，但符合对方发展需求的工作计划。

你以你所长补我不足，我以我所长助你进步，互为支持，互通有无，在倾诉中发现问题，在倾听中找到方法，即使身处低谷，也盼顶峰相见。

借力是一种彼此给予

前文中，我们曾经分享过克服社交恐惧症的一些方法。现在，我们从另一个角度对社交恐惧症再进行一次剖析。很多人把自己活成了一部不联网的"老年手机"，或在自己四周建起高墙，或将自己与四周的联系全部切断，让自己如置身孤岛，孤立无援。但人类终归是群居性动物，只要不活在真空中，就需要和人握手，与人交谈，对人微笑，与人为善。

为何我们会强调真正的人际关系？因为**只有真正的人际关系，才可能产生健康的、互益的、有利于彼此发展的推动力。**当我们在这种健康的人际交往中受益良多时，会发现"借力"也是人类的课题之一。

借力，并不是对朋友的单方面索取，而是一种支持能量的彼此给予。

你我既非孤岛，我们周围更非真空，不妨携手同行，借你手中之力助我排除万难，借我手中之力帮你一马平川。

表达：怎么说别人才爱听

语言是打破沟通壁垒、建立沟通渠道的有效工具。让语言成为我们的加分项，让人际关系中的陷阱无所遁形。

你说话，别人喜欢听吗？

好言三冬暖，恶语三伏寒。世界上，嘴皮子利落的人不少，擅长表达的人也比比皆是。但嘴皮子利落也可能口舌如刀，擅长表达也可以直刺心灵。语言是一种表达的艺术，我们在朝九晚五的职场中，需要的是一种能够引发共鸣、赢得欣赏的语言表达能力。

如何让语言成为我们的加分项？

尊重群体内的每一个人

现实生活中，我们很难让所有人都满意，这是现实。但当我们在与别人沟通交流时，应该尽最大的可能，争取获得对方更高的满意度，这是成功沟通、有效交流的基本前提。

无论是上台演讲、饭局发言，还是聚会应酬，我们都需要面对很多人，想要尽可能地照顾更多人的感受，除了得体的语言，还需要借助手势、眼神、站姿，使每一个人感受到我们对他的尊重和关注。

每当那些口才卓著的演讲者站在演讲台上，台下的观众总感觉他在看着自己。这就是一种借用眼神和肢体语言达到的群体满意的能力。如果问他们的粉丝，我们会得到更加极致的回答："每一次眼神的交流，都是我们灵魂的碰撞！"

前段时间，客户杨经理主动联系到我，续了下半年的广告费用，并且提升了版位、加大了投资。周围人开玩笑问他是不是发财了，对方回答"是"，引起了我高度的探寻兴趣。

据他所说，因为在我们杂志上登的广告，他得到了一个大厂的招标机会，但是，他最初给这次投标的定义是"陪太子读书"，也就是一个亮相的机会。话虽如此，他仍然请人制作了精美的标书和PPT，并带足样品按期到场。

招标现场，杨经理第一个上台进行表述，他用PPT展示了产品的加工工艺和性能之后，然后走下台，将样品送到台下十几位聆听者的手中，连一直站在旁边的投影仪调试人员也没有放过。他边送边说："各位可以观察这个刃口，正是这个特殊的双刃才能达到PPT所展示的加工效果。我们的产品不逊色于任何一家同类产品，而且我们'船小好调头'，随时可以配合用户进行各项加工对象的试验……"他在递送样品的时候，和每个人都进行了得体的眼神交流，表述的最后，他还对大家点头致意。

结果是令人满意的，他成为那家大厂的供应商，接下来，他需要扩大产能，增设生产线。我问他，除了产品品质这个基本前提，还有哪里打动了客户，使他居然打败了其他两家规模和知名度远高于他的投标者？

杨经理说他开始也不明白，后来签合同时才得知，那位曾上台帮他调试过投影仪的年轻人，是老板才从国外回来的公子，正在各部门轮值实习。老板和部门经理都很欣赏他对普通工作人员的尊重，而且对他言语中表达出的小厂的灵活性很有兴趣。

当认识到自己的小厂无论规模还是知名度都无法和其他两家投标者相提并论时，杨经理特意强调了小厂的"灵活机变"；在现场演讲中，他尽可能地照顾到了所有人的情绪。这是一种基本素养，他并不知道那个工作人员是他的贵人，但当一个人一直这么要求自己时，总会与好运相遇。

尊重他人的表达习惯

交流，意味着交互和流动，

如果一位善谈者只关注自己的倾诉欲望，让对方完全没有机会表达，即使他引经据典、舌灿莲花，也绝对称不上擅长交流。

人与人之间的交流讲究技巧，也有着不同的模式，如一个人首先将自己的观点完全表达清楚，再由沟通对象做出回应的"对讲机模式"；双方随时进行互动、探讨，允许两个声音同时存在的"手机模式"。

进行交流之前，我们可以先了解一下对方习惯的表达方式。如果对方介意发言中有人插嘴，我们就要做好一个合格的倾听者，做好关键词的记录，在对方讲完后再进行关键问题的探询；如果对方喜欢在争论或探讨的氛围中进行互动，我们就要做一个积极的参与者。交流过程中双方互相尊重，并彼此配合，可以避免无谓的摩擦。

做情绪稳定的交流者

处变不惊是一种情绪修为，情绪稳定是一种生活需求。

苏州的石总是一家工业外贸平台的老总。他曾是我们杂志的封面人物，在交流中，他给我的最大感受就是情绪稳定。整个采访将近一个小时，石总始终保持一种语速，即使谈到那些让人动容的瞬间，也不见他情绪上的大起大伏。

我问："您当年，以一位大学生的身份南下闯荡深圳，比起那些只有初高中学历就南下闯荡的创业者，应该占有很大的优势吧？"

石总摇头："不会，南下闯荡者经历过的，我应该一样没少：背着样品在工业园区一家一户地敲门推销，骑着坏了铃铛的自行车在羊肠小巷中抄近路拜访客户，一天啃不上一个面包，脸上晒得爆皮都舍不得买瓶防晒霜……这种事情太正常了，算不上吃苦，这只是你为了实现自己的梦想选择的一种生活方式。"

这种情绪稳定的表达，使我这个采访者有勇气进行更加深度的挖掘，在既定的大纲结束后，我们又探讨了工业外贸平台对整个工业领域的发展所具有的价值，以及石总个人的民族情怀。所以，那一期的封面内容，是迄今为止字数最多的，大 A4 纸，排满了整整五页，也在出刊后引起了非常热烈的反响。石总因此接到了十几个咨询电话，好友列表中也多了几位业内知名"大佬"的头像。

人在情绪稳定的状态下，思路更清晰，表达更顺畅，能够更加准确地将信息传递给倾听者，也能激励倾听者进行更多的思考和辨析，从而碰撞出卓有成效的结果。希望你情绪稳定，做一个让别人爱听你说话的人。

反思：我对他人有什么用

以利他之心，最大限度地实现自我价值。

很多朋友在看到这个标题的时候，心里那个叛逆的小孩或许立刻就会跳出来——我为什么要对其他人有用？

现在的短视频平台上，我们经常能看到"与其反思自己，不如责怪他人""让我来帮你整顿职场"之类的论点，仿佛人类一下子就进入了个性大解放时代，工作中、生活中，都完全不必考虑周围人的感受，只做自己就好。

真正的职场

规则和准则是职场必备的铁律，作为普通职场人，无论是初出茅庐还是资深从业，无论是中高层管理人员还是基层职员，均需要和他人进行配合、协作。

"他人"泛指在职场中，除我们自己之外的所有人，包括公司各部门同事、职场前辈、部门经理，以及客户和合作伙伴……

"有用"的"用"，即功用、用处、价值，甚至可以延伸到"可以利用的价值"。不要避讳"利用"这两个字，职场是一个讲究价值的地方。如果一个人的价值，包括他的才华、学识、天赋，以及后天所学到的技能，可以得到最大限度地发挥和利用，他的一生一定是高歌猛进、光芒万丈的。我们所熟知的那些历史伟人，应该就属于这种人。

无论你现在的职场状态是春风得意，还是阻力重重，都可以进行反思，以便下一步有的放矢。

利他就是利己

我的哪些价值可以为他人所用，从而让他人的各项工作都能够顺利开展，如有神助？

我是用错了方式方法，还是需要提升专业能力？

为什么我不能为同事提供足够的支持？

……

想为他人提供价值，需要的是有价值的输出，以利他之心，最大限度地实现自我价值。

前文讲过，我的一位人生导师张老师，她开创的第一家企业，是为下岗再就业人员提供技能培训的教育机构，属于半公益性质。也许对现在的"90后""00后"来说，"下岗再就业"已经是个非常陌生的名词，但在当时，是属于社会级的问题。

我曾经问张老师，她明明有很多选择，为什么会涉足再就业技能培训这个吃力不讨好的领域。她说，钱是要赚的，但赚钱的同时，总是需要担负起一份责任的。她的亲戚中就有一位下岗职工。阿姨下岗时四十多岁，大半辈子都在国企度过，捧着稳定的饭碗，吃着不紧不慢的饭。突然有一天，没有人给她的"碗"里盛"饭"了，她整个人变得又颓废又爱抱怨，还因此影响到了读高中的孩子。

其实，那位阿姨当时手里拿着一笔一次性的补助费用，就算做不了大生意，开个小超市或者小卖部，至少能够让自己活得比在家里整天以泪洗面要体面得多。但是，社会大变革的浪潮对一个安安稳稳地过了几十年的普通人来说太猛烈了，他们一下子就被砸晕了。关键问题是这是一个群体现象，不是个人现象。

当时，张老师就想，有没有一种机构，能够将这些被突如其来的改变砸晕的人集中到一处，从心理上给予疏导，从精神上进行勉励，培养他们重新进入社会的能力？但这种机构不能有居高临下的姿态，要真正理解他们，和他们共情，让他们的心经历一次蜕变，才能帮助他们真正走出困境。毕竟，他们不是小孩子，不需要另一个成年人来言传身教。对他们来说，难的从来不是工作，而是面对巨大改变的勇气和心境。

基于这样的初衷，张老师响应国家政策，创立了再就业培训学校。在再就业培训这个行业成为历史之前，她名下的五所学校，在各区的培训学校排名中一直都名列前茅。当时，全市有十几所同类学校，但十几所学校"打"不过她一个人，因为经由张老师的学校教出来的学员，就业率高，工作态度好，精神面貌佳，在政府部门对用人单位的随机抽查中，好评率始终在90%左右。

处于同样的大环境，做同样的事，初心不同，呈现出的效果便大不相同。当你心怀利他之心，你会以此为基准，所有决定都围绕这个核心进行。而当你真正实现了利他，你会发现，回报远超想象。

挖掘对方真正的需求

曾经有一位同事，为了完成一份营销策划方案，一整周都在加班。他每天都是晚上十二点之后才上床睡觉，早上又起个大早继续修改、优化方案。但最后，他的方案连客户的初步筛选都没有通过。他很委屈，和我们抱怨客户不识货，抱怨上司没有为他提供支持。他认为，他的方案足够好，缺少的只是一个得到赏识的机会。

直到有一位资深的老同事问他：

"你的方案针对的客户群体是什么样的？"

"就是那家客户啊，他家卖什么东西的你不知道？"

"客户让你出策划案，是要你帮助他赢得他的客户，而不是讨他欢心，你连这一点都没弄清楚，就算你加了一个月的班，有用吗？就算给你第二次机会，有用吗？"

可见，当我们连对方真正的需求都不清楚，再多的努力也只是一场徒劳。

那位同事如果能了解客户的需求，所做的方案虽然可能依然不敌其他优秀的方案，但至少不会连初选都没能通过，至少拥有与其他方案进行对比、评估、考量的机会。这就是我们的才能被看到、被重视的过程，如果我们不是那个可以一飞冲天的幸运儿，那么需要的就是这样的不断累积。

摒弃以自我为中心的思考模式

日常工作中，如果感觉到和同事的配合总是出现各种各样的小问题，明明自己尽心尽力去做了，结果却仍然不尽如人意，那么我们就要想一想自己是否只是站在自己的角度上去思考问题，因为**配合和支持，从来都不**

是一厢情愿。

　　某次参加北方一次小展，遇到了采访过两次的冯经理，他一个人坐在展馆旁的小咖啡馆里，郁闷的表情出卖了他当时的心情。我上前打了招呼，没想到对方向我大吐苦水。原来，公司为他配备了一位新助理，对方无论是经验还是工作能力都很符合他的要求，但就是在配合中，总是感觉差点儿什么，即使两人协力把工作完成，还是会有一种疙疙瘩瘩的不适感。

　　"这次展会就是这样，虽然是小展，但有几位主要客户在这个城市，我打算展会结束后去拜访，并带着新产品让他们进行试用。明明我在开会的时候说得很清楚，但布展的时候却发现少了几件关键设备。我问她原因，结果她说由于那几样新设备过于精细，怕在运输过程中造成损伤，就只带来了模型。如果客户需要试用，她提供的方法是将需要加工的样品由她带走或寄回总公司进行加工，她负责全程拍摄加工视频，而且她已经取得了客户同意。你看，她虽然考虑周到，而且还给出了解决办法，可是，这不是我想要的啊！她为什么不和我说一声就自作主张？"

　　冯经理不想当着其他同事的面和助理大吵，所以一个人出来生闷气。

　　我与那位助理也是认识的，在和冯经理道别后，我便打电话给助理。在展馆另一个大门附近的小餐厅里，助理也向我进行了抱怨。

　　此次运输设备到展会的任务由她负责，但以她的权限调动不了公司最高规格的运输配置，很难保证产品在运输过程中的安全。为此，她曾打电话向冯经理求助，但冯经理每次不等她说完，就甩出一句"这事你全权负责，我不过问，我相信你的能力"。为了不使还没有正式上市的新产品在运输过程中受损，她只能采取运输模型的办法。同时，她在出发前致电几位客户，说明原委，并表示愿意上门取样品，拿回总公司进行试加工。

看，情况就是这样，两人都以为在自己最大的范围内给了对方足够的支持，也都以为对方没有给自己应有的配合。

为什么会出现这种偏差？

因为他们都只是站在自己的角度考虑了所有的问题。冯经理认为他下放了足够的权限，尊重了助理的职权；助理认为她在自己的权限范围内已经做到了能做的，对可能出现的问题也进行了提前处置。如果冯经理在接到助理的电话时问一句"有没有需要我帮忙的"，如果助理在打电话给冯经理时先说一声"新品实物带不过去"，那么他们此刻心中的这些不快、不适都将不复存在。

以利他之心，行利他之事，跳出自我局限，以旁观者的角色纵观全局，能够更加清楚地判断出他人的需求，提供更具价值的支持。

深度思维

当普通思维只能考虑到问题的表层时，
深度思维已经通过不断深入的思辨和分析，
直达问题的核心，
从而找出更有效的解决方案。

第四章

正确提问

提问题要一直针对问题的根本。
忘记根本，
就会在一个不知所谓的圈子中绕来绕去，
偏离主题。

5why 分析法

5why 分析法，其实就是一个抽丝剥茧的过程。
我们发现了一个问题，
通过不断追问为什么，
告别直接原因，路过间接原因，最终找到根本原因。

法则来自思考的力量

所有法则的形成，都离不开思考的力量。
大脑走得越远，
我们的脚步就迈得越稳。

复刻逻辑力：
让自己的思维更加深刻

大脑走得越远，脚步才能走得越稳。

思维的边界感

从理论上来说，推论不止，
思维链条就会无限延长。
但链条拉得越长，
思维的控制力和专注力就会越来越弱，
推论成功的概率也会越低。

为什么说深度思考比勤奋更重要

深度思考，是一切真正具有创造性行动的前提。

古语云："书山有路勤为径，学海无涯苦作舟。"

鲁迅先生说："哪里有天才？我是把别人喝咖啡的时间都用在工作上。"

这些话，相信是很多人都从小听到大，未来还有很大可能会讲给下一代听。

名人作为成功的范例，有着不可置疑的公信力，所以我们愿意将他们留下的那些具有指导作用的话语奉为圭臬，指导自己的言行和前进的方向。

因为这些名言，我们坚信勤奋是成功的关键，却往往很少去思考：那些名人们，为什么能够因为勤奋而成功？

思考之后的另辟蹊径

勤奋当然是很重要的。但是，光靠勤奋，并不能为事情带来突破性的发展。

　　我采访过郑州一家民营企业的部门经理。张经理从业二十几年，跟随公司创始人经历了公司从小作坊到发展成为行业"桥头堡"的全过程。采访中，他提到了从业生涯中印象较深刻的一件事。

　　"公司刚创业那几年，特别艰难，有好几回我们都以为撑不下去了。我们辛辛苦苦地跑业务，加班加点地联系客户，但多数情况下，两条生产线仍然只有一条能够勉强开工，订单一直不饱和。关键的转折点，就是第三年的第四季度，兄弟公司上门求援那次。他们接了一笔大厂的订单，按原定时间本来能够轻松完成，但一条生产线的加工设备突然出了问题，虽然已经向国外厂家申请技术工程师过来维修，但正值圣诞节前夕，对方要放假，最快的动身时间也在元旦之后。兄弟厂家的意思，是向我们购买两台闲置的同型号设备救急使用。"

　　张经理所在的公司与这家兄弟公司的加工设备购自国外同一知名品牌。该设备售价颇高，即使是二手的，也有行业公认的市场定价，如果愿意出售，对公司的现金流来说绝对是一个很大的助力。

　　"在当时，这算是大事，毕竟那会儿从国外采购一台设备并不容易。我们领导召集中层以上的管理人员开会研究，大部分的人都表示同意，认为这是现成的压缩成本、增加现金流的路子。我们领导却说，他想了两个晚上，有一个主意想让我们所有人都听一听可不可行，那就是，我们给他们代加工！"

　　说到这里的时候，尽管时隔十几年，张经理仍然很兴奋。

"你知道这件事对我们意味着什么吗？意味着我们打开了一扇通往大厂的窗户。对，就是窗户。我们提出不想卖设备，但可以代加工，兄弟厂家在再次确认国外技术工程师很难如期到达后，也提出了自己条件，就是前100件产品，由他们的质检人员和技术熟手负责完成，我们的质检和操作工人在一边打下手学习。在此之前，我们公司只给国内的中小厂家加工，那是我们第一次直接感受到大厂产品的品质要求，可以说是被人家结结实实地上了一课。"

在同样的车间，用同样的设备，不同的质检人员和工人，加工出了品质完全不在同一个维度上的产品，是一场至今都让那些张经理所在的公司的老工人记忆犹新的震撼性教育。

"那些做了三四年的熟手，在自己的车间里给人家打着下手，又从学徒重新走了一回，比我们每天耳提面命'质量是生命'一百回都有用！就是从这一次开始，工人们对质检人员的严格要求不再怨声载道，质检人员也检查得理直气壮。同时，通过这一次代加工，业界开始知道我们具备了为大厂加工的先进设备的能力和技术，于是我们很快就得到了两家大厂的试样机会，其中有一家成了我们的老客户，合作至今。"

直达问题的核心

从上面的实例可以看出，张经理的老板，是一位拥有深度思维能力的领导者。

试想一下，如果当时这家公司选择了出售设备，现在会是什么样的情形？

第一种可能：得到了充沛的现金流，公司上下过了个好年，来年继续勤勤恳恳地努力。但企业很难突破中低产品质量的定位，技术和品质得不到关键性的改进，即使在市场的浪潮中没有被淘汰，至今也只是一家以加工中下等品质产品为主的小型民营企业。这的确是可能的，工业加工领域，任何品质的产品都有受众。

第二种可能：依然得到了现金流，过了个好年，业务人员仍然努力签单，工人仍然勤奋生产。企业在后续经营中，机缘巧合接到了一笔较大的订单，一条生产线很难满足需要。企业面临两个选择，要么与这笔大订单失之交臂，要么提升产能，再次增设生产线，但这会造成成本上升，操作工人的加工技术、质检人员的管控力度也都存在隐患。

第三种可能：倒闭。

但是，因为有一位具备深度思维能力的领导者，企业没有贪图眼前的利益，通过代加工，质检员和工人"见了世面"，企业在业界打出了知名度，打开了向上发展的通道。

成功的前提是勤奋，勤奋的前提是深度的思维能力。经过深度思考之后的行动是有的放矢的勤奋，是创造性的开始。

深度思考帮助我们洞察问题的本质，更好地评估和利用现有资源，提升创造力和解决问题的能力。有一种说法是，深度思维就是思维逻辑链从一个节点延伸到另一个节点，再到下一个节点的过程。当普通思维只能考虑到问题的表层时，深度思维已经通过不断深入的思辨和分析，直达问题的核心，从而能够找出更有效的解决方案。

5why 分析法到底有多强大

5why 分析法其实就是一个抽丝剥茧的过程。

5why 分析法作为一种思考工具，最早由丰田公司提出。他用 5 个"why"，找到了机器停工的原因，从根本上解决了机器再次停工的隐患。

当然，实际运用时，未必一定要问 5 个为什么，有时可能问 3 个就找到了问题的关键，有时则需要问 6 个、7 个为什么才能看到问题的核心，完全可以根据实际情况随机应变。

抽丝剥茧，直达问题根本

记得几年前参加公司安排的一次管理课程培训时，老师讲到了 5why 分析法。有一位同学问："为什么我们不直接到达问题的核心，这么一次次问下来，不是在浪费时间吗？"

当时，那位老师的回答如下：

"这位同学为什么会问这个问题？因为你在此之前没有听说过 5why 分析法。为什么没有听说过？因为贵司在此之前并不注重管理意识的培养。为什么贵司现在开始重视了？因为贵司的管理遇到了瓶颈。为什么会遇到瓶颈？因为在管理过程中缺少有效的解决办法。"

"最后，如果你刚才问我这个问题的时候，我直接回答你'因为贵司在管理过程中缺少有效的解决办法'，你会有什么感觉？"老师问。

当时那位同学在想了片刻后回答："很突然。"

是的，很突然，很跳跃，甚至有点儿莫名其妙。

5why 分析法，其实就是一个抽丝剥茧的过程。我们发现了一个问题，通过不断追问为什么，告别直接原因，路过间接原因，最终找到根本原因。

如何更好地运用

首先，学会提出正确的、有意义的问题。

以下提问示例可能会给你一些启发。

今天有人告诉你，他将从公司辞职，你感觉对方工作能力不错，有意义的对话往往如下。

"为什么要辞职？"

"因为我和直属上司性格不合。"

"为什么你会认为和直属上司不合就需要辞职？"

在你的问题的引导下，对方可能会思考：我又不是完不成工作，只是和上司不合就要离职吗？为什么是我离开，没准儿上司很快就会离职呢，不如再等等看？（如果这种不合已经影响到正常工作）以我出色的工作能力，能不能申请调到别的部门？

　　而无意义的提问往往如下。

　　"为什么要辞职？"

　　"因为我和直属上司性格不合。"

　　"为什么和上司不合？"

　　"因为他……"

　　接下来的对话极可能就是一堆毫无意义的"吐槽"。

　　再看一个例子。一场根据某项事务展开讨论的会议结束，你找到某个会上没有发言的同事，正确的对话示例如下。

　　"你为什么今天在会议上没有发表意见？"

　　"因为我不善言辞。"

　　"为什么你会认为不善言辞就不能发表意见？"

　　对方可能会想：是的，在会议上发表意见是为了表明观点，不是为进行一番口才上佳的演讲。

　　不正确示例如下。

　　"你为什么今天在会议上没有发言？"

　　"因为我不善言辞？"

　　"为什么你会不善言辞？"

"因为我性格内向。"

"为什么你性格内向？"

"……"

很明显，以上的对话把事情导向了一个奇怪的方向，很容易"绕"死其中。所以，**提问题要一直针对问题的根本。忘记根本，就会在一个不知所谓的圈子中绕来绕去，偏离主题，不知所谓。**

其次，区别疑问和带着情绪的质问。

5why 分析法是为了用疑问引发思考，而不是用质问激化矛盾。

上文谈到了那位冯经理和他的助理发生矛盾的故事。后来两人为了解决问题，主动约对方面谈。冯经理为了避免在沟通中表达有误导致矛盾升级，和我提前对了"台词"。

"你为什么在我们通电话的时候，不第一时间就把你的困难告诉我呢？"

"你为什么不经过我的同意就打电话给客户呢？"

在两个人心结犹存的情况下，这种问题一旦抛出去，一定会引发一番争吵。我如实表达了自己的看法，冯经理虚心接受，并进行了如下调整。

"你为什么不抓紧所有能够利用我这个'工具人'的机会，来帮你解决那些难题呢？"

"你为什么不让我帮你分担，非要一个人解决所有问题？"

这样的问题抛出去，虽然未必完美，但至少不会一开口就堵死了所有的沟通渠道，让问题变得更复杂。

最后，识别原因和带着情绪的借口。

问题问完后，对于对方的回答也要注意识别。

"你为什么今天在会议上没有发表意见？"

"因为我不善言辞。"

　　同样是这个回答，如果这个同事平时给我们的感觉的确是内向沉默的，我们当然可以继续问"为什么你会认为不善言辞就不能发表意见"。但如果对方平日里能言善辩，这显然就只是一个借口，于是我们就要调整问题。

"为什么今天在会议上没有发表意见？"
"因为我不善言辞。"
"为什么你会用不善言辞这个理由进行搪塞？"

　　由于对方能言善辩，这个问题一定会得到一些反馈和答案。
　　一层一层，如剥洋葱一般，用提问将问题剥开，寻根究底，直至抵达核心，正是 5why 分析法的强大之处。那些路过的间接原因，也是启发我们思考的动力，所以，不要害怕提问，也不要害怕作答，这是一个双向的思考的碰撞过程，也是帮助我们找到真相的捷径。

如何用弹性思维给大脑做个 SPA

去大胆地想象，去无穷地幻想，为我们的大脑注入活力。

美国著名理论物理学家列纳德·蒙洛迪诺说："当你试图解决一个你以前见过的问题时，逻辑分析思维是非常好的，你可以使用已知的方法和技术来处理你正在面临的任何问题。当环境发生变化时，你需要的是弹性思维。"

以创新面对变化

面对一个正在变得更多元、更多样性的世界，按部就班、墨守成规的定式思维会让很多努力变得徒劳无功。而弹性思维允许我们改变方式，从不同的角度思考问题。弹性是灵活的，是生动的，是一种能够以更轻盈的姿态应对变化、适应新环境的能力。

朱总是我参加北京机械大展采访的第一位女性职业经理人。当时是 2019 年 4 月，因为汽车行业面临的结构性调整（电动汽车对燃油汽车的替代），市场迎来了一个"寒冬"期。那一期采访大纲的第一条就是"对于又一个经济寒冬，贵公司在市场销售策略方面，进行了什么样的调整"。

"市场唯一不变的，就是它永远在变化。寒冬也好，春天也好，都只是变化的一部分。想做市场，就得有应对所有变化、随时调整自己适应变化的本事。我应对新变化的方式，就是以'新'打'新'，新产品、新技术、新解决方案、新服务模式……"

继而，朱总告诉了我们她所采取的一系列调整措施。

"我们过去的展品都是针对我们所擅长的几个行业领域，航天、汽车、医疗是三大主系，但因为汽车行业的变化，燃油车市场销售萎缩，电动汽车崭露头角，所以这一次我们带来了针对电动汽车的解决方案。在很多同行还在观望的时候，我们就已经着手开发针对电动汽车应用场景的新品，因为这就是我们必须接受的市场变化形态，是经济发展过程中的大势所趋——传统行业一定会出现萎缩，新兴行业一定会不断崛起。待在舒适圈里吃老本的确很舒服，但市场不允许。"

朱总对市场变化的见解是："当你对所有的变化都欣然接受的时候，无论到来的是寒冬还是春天，都不重要，重要的是如何最快的适应变化并拿出解决方案。"

如果，你面临的创新任务太复杂，还可以将之分解成不同的阶段，一段一段地去找到解决办法。弹性思维就是会让我们用不同的策略应对不同的挑战，不要拘泥于过去的任何一种方式。重新思考，整合已有信息，接受那些没有头绪的新想法，放任它们在某个瞬间重组，构建全新的框架，创造新的解决工具。

用弹性思维为大脑做个 SPA

弹性思维的关键在于打破思维定势，打破某些墨守成规之后的"习以为常"。如何进入弹性思维？

列纳德·蒙洛迪诺的建议是，为白日梦留出时间，与你社交圈之外的人交谈，从你的舒适区中吸收养分，倾听不同的想法或概念，然后无视它们。

试着从多个角度看问题，适时地改变环境，散步、休息。喝杯咖啡，进行必要的运动，都能极大地促进精神力的修复。当个新手，打破固有思维，大脑的灵活性离不开新颖性的辅助，一个始终处于活跃状态的大脑，终生都会在生长和发育。同时，我们还可以再拿出一些时间，进行正念冥想，进行现阶段内的自我观察与思考。

这就是一个为大脑做 SPA 的过程。

鲁迅先生说过："孩子是可敬佩的，他常常想到星月以外的境界，想到地面下的情况，想到花卉的用处，想到昆虫的语言，他想飞入太空，他想潜入地穴。"而孩子之所以能够拥有那么多无穷无尽的想象力，正是因为他们思维的陌生化，让他们可以总是带着陌生、好奇的眼光，打量世界上的一切事物。

即使我们已经长大成人，身体会因为对各种规范的熟知而遵循着一定的规则和规律，但思维可以时不时地回到童稚时代，去大胆地想象，去无穷地幻想，为我们的大脑注入活力，以更加灵活轻盈的姿态面对这个世界的急剧变化。

低风险创业的六大心法是什么

低风险，来自思维逻辑的超前延伸和不断积累的知识底蕴。

在既定的观念中，"高风险"几乎是"创业"的伴生品。如果有人想创业，周围的亲人、朋友，多多少少都会说几句诸如"想好了，别头脑一热就做这么一个决定""小心点儿，这可不是小事，别把老本都赔进去了"的劝诫。

樊登在《低风险创业》中推出了创业的"六大心法"，为想做事的人打破了那些既定成见的封锁，以先胜而后战的创业理念，为大家创建了一种以相对轻松的方式进入创业领域的低风险做事法则。

其实，无论我们有没有创业的计划和打算，都不妨碍我们借用"六大心法"，来降低我们工作中的风险。

六大心法的日常应用

首先，我们先来了解一下何谓"六大心法"。

创业从找到好问题开始：创业的动机一定来自你想要解决的社会问题，问题决定着市场的大小。

秘密是最好的抗风险武器：秘密决定着创业风险的大小，秘密越大，抗风险能力就越强，核心竞争力也就越强。

反脆弱的结构设计：商业是一个复杂的行为，反脆弱的设计能够帮助你获得在不确定的事情中获益的能力。

赋能生物态创业团队：创业需要对员工和伙伴赋能，需要"群智涌现"，而赋能的核心是生物态，拥有一个赋能生物态的创业团队，是企业能够一直走下去的关键。

最优客户发展方法：客户的真正价值，在于他能够为你带来新的客户，让你的生意源源不断；客户带来客户，是一种效率最高、成本最低的客户发展方法。

打造指数级增长的引擎：未来优秀的公司都会是指数型增长的公司，加入其中便等于拥有了未来；为企业打造指数级增长的引擎，也等同于为企业和团队打造了一个足以与未来博弈的武器。

日常工作如何借鉴，引为己用？

如果我们现在面临着选择，对于无法确定的未来很难做出取舍，不妨先想想最需要解决的是自身当下存在的哪个问题。如果是"穷"，那就在面临的选择中，找到那个能够帮自己最快脱离贫困状态的选择。

如果我们发现自己在职场中不再具有竞争力，那就要开始经营自己的"秘密"，这个秘密可以是技能，是解决问题的能力，也可以是技能与能力的复合累积。

当我们面临冲击、混乱、压力及充满波动和随机性的考验时，抗压力和强韧性显然已经不足以满足需求，反脆弱的、能够从这些不确定的事情中受益的能力，才是战胜这一切的法宝。抗压和强韧可以让我们抵抗冲击，保持现有状态，而反脆弱则可以让我们变得更好。

如果我们对自己目前的薪水不满意，但受岗位所限，上升概率很小。那就看自己有没有成长的空间，有没有带团队的可能。带上了团队，我们所期待的"工资指数级增长"才可能不仅仅是梦想。

法则来自思考的力量

2021 年，我们接到了一个来自苏州的开业邀请，曾在某大型企业做市场总监的洛总自立门户，成为创业大军中的一员。

众所周知的原因，对于这个开业时机，所有人都很难说一声"好"。但洛总给出的答案是，他已经看到了创业的契机。尽管这个时期不能进行产品的路演，外出拜访客户也会有诸多不便，但也是因为这样，国外同类品牌进入中国市场的渠道也暂时被关闭，而他正好抓住这个空白，迅速占领市场。

"做了这么多年的市场总监，可以说一直站在市场的第一线，我很清楚客户需要什么样的产品，需要我们为他们解决什么样的问题。但我以前所在的公司隶属国际大牌，中国分公司并不拥有独立研发和生产权。有时候客户提出一些要求，我们只能推荐一些通用性较高的产品。客户不是不能用，但总是感觉未能满足其真正的要求。"

所以，洛总创业的初衷，就是解决这些问题——根据客户的需求，进行针对性的开发，帮助客户将其产品的性能发挥到极致。

"我们的目标就是帮助客户成功，所有产品的开发和营销策略都围绕这个核心去进行。召集创业伙伴时候，也将这个目标列入了公司的章程。大家个性可以不同，喜好也可以各异，但都会往一个地方施力。围绕着相同的目标，群策群力，畅所欲言，贡献自己的智慧，是一件非常棒的事情。"

洛总的公司前段时间进行了成立三周年的简单庆典。庆典同时也是本年度的新品发布会，邀请了很多客户到场，每一位客户面前都有几张留言便签，请他们写出对现有产品的意见，以及期待能从洛总的公司得到什么样的帮助和解决方案。

"公司成立短短三年，就积累下这么多客户，靠的就是客户的口耳相传。我们的销售做得非常省时又省力，一款新产品推出，只要有一位客户用了，一个月后就有很大概率介绍他的朋友过来咨询，咨询就会试用，试用就会采用。当然，这一切的前提，是产品足够好，我们的服务也能够让客户感觉到他在被认真对待。"

如果与"六大心法"进行对照，可以看出，洛总在多年的从业中找到了问题，一直在积累着自己的秘密，在大家都不看好的时期成立公司，从这种危机中找到了商机，在不确定的事件中得到了助益，建立起了一支群策群力、充满活力的团队，短短三年已经建立起了良好的口碑和坚实的客户群体，正在为打造指数级增长的引擎全力以赴……洛总的创业之路或许还长，但第一步迈得非常漂亮。

无论是创业，还是致力于提高做事的成功率，"六大心法"都是一种能够帮助我们走得更加顺利的实用法则。

有效目标

有效目标，一定是具体的，
有时间期限的，
以及能实现的。
既然我们所求的不是 100 万人的"还好"，
那就需要更专注于小范围内的精雕细琢。

第五章

从甲方的角度看自己

客户为什么留下？
客户为什么离开？
客户为什么会选择另一家？
客户的真正需求是什么？
只有成为客户，
才能了解客户。

清单意识

每进行完一项就做一个成就感满满的"勾决"，
可以视为提醒，
也可以视为一种督促和自我核查的依据。

让能力发挥出来

我们被这个世界承认的过程，
就是我们输出才华和观点的过程。
我们首先要被看到，
才有可能得到。

5

复刻执行力：
成为时间富人

思考和执行是成事的两大关键。

清空大脑

模棱两可、举棋不定、后继乏力，
会让你的大脑一直处于纠结和内耗中，
从而让心灵疲惫不堪，
精力被透支得一干二净。

100 人尖叫 >100 万人说 "还好"

有效目标不是整个客户群体的基本满意，而是细分领域内少量客户的拍案叫好。

"尖叫" 是什么？ "啊，太棒了！怎么会有这么好看的剧情，每个情节都超级精彩，太棒了——"

"还好" 是什么？ "不错啊，看着还行，到及格线了，继续努力。"

比起前者，相信我们日常说得更多、听得更多的是后者，不知道从什么时候起，这个世界能够打动别人和我们的东西越来越少。

如果站在个人的角度去探究，原因有内因和外因。内因是我们的审美和鉴别能力正在不断提升，寻常事物已经难入法眼；外因是有耐心把一件事做到极致的人正在变少，比起耐心打磨，很多人更期待资金快速回流的爽快。

于是，这种状态一度形成了一个悖论的怪圈——审美和鉴别能力的提高，拉高了消费者 "尖叫" 的门槛，愿意为了进入这个门槛而投入精力和时间的人却越来越少。好在我们始终走在省察的路上，当有人仍然追求"还好"时，已经有人看到了"尖叫"所带来的商机并付诸行动，最终得到了回报。

唯有好产品不会被辜负

樊登在《低风险创业》中说过，客户带来客户的前提，一定是好的产品。

在上一章中，我提到苏州那位在特殊时期创业的洛总。据他所说，公司当前的客户，仅有 30% 来自销售人员最初的陌生拜访，其他全部来自客户的推荐。洛总麾下有一位每天坐着动车上下班的上海员工，曾有两次，都是上车之前接到客户介绍来的客户的咨询电话，等到公司的时候，对方已经在等候了。

洛总表示，客户带来的客户，一定是带着需求而来的，目的是解决已经存在的问题，不必你去问，对方就会迫不及待地将他的难题和盘托出，一旦你能够有针对性地解决了这个难题，得到的一定是最积极的回应："太好了，终于找到我想要的东西了，找到你们真是太好了！"

洛总以前在国际大公司工作，其品牌在该行业占据一定的统治性地位。该公司产品针对的是群体通用需求，很难为某一位客户或某一类型的客户单独进行专用产品的研发。比如，电动汽车正在崛起，该公司推出了应用于电动汽车零件加工的涂层，但不会为了某一个零件的加工单独开发一款产品。这是基于成本的考虑，是集团决策，没有任何问题，但这也为很多小公司的发展提供了商机。

洛总会舍弃百万年薪选择创业，就是看到了那些问题无法得到根本性解决的客户的需求。他追求的不是整个客户群体的基本满意，而是细分领域内少量客户的拍案叫好。他们的产品研发团队，会针对某个厂家的某个产品进行研发，如何使其切削更锋利、更耐磨损，如何延长使用寿命……而且他们的产品设计不是一劳永逸的，而是不断优化和更新迭代的，始终保持着产品的活性和对市场的适应能力。船小好调头，比起大而全，洛总更愿意为了小而精付诸所有努力。

企业有企业的产品，作为个人，我们的"产品"是什么？

对产品精雕细琢

如果你负责市场营销，你的产品就是你的策划能力；如果你是一位前台，你的产品就是你能够带给来访者的精神面貌；如果你是一位部门经理，你的产品就是你所带领的团队。

我从学校毕业的第一年，曾在国贸某座写字楼工作过一年。因为我所在的公司和邻家公司很近，经常有客户走错到隔壁，而那些走错的客户，找到我们这里后都会夸一句邻家公司的前台聪明得体，让人如沐春风。

我们的前台同事有时候会开玩笑地说一句"难道我不够好"，客户大多会回一句"你也好，你也好，你们都好"。这种摆明敷衍的态度，让我们的前台同事很不服气，她认为自己更活泼漂亮，行政工作也做得非常到位，很好地充当了公司的"门面"角色，怎么就得不到一句真正的夸奖？

其实，我第一天到公司应聘的时候，也走到了隔壁。因为时间紧张，我一路跑得上气不接下气，进门只说了一声"面试"就递上简历。前台看着简历上的应聘职位和标明的面试时间，先递给我纸巾和一杯温水，告诉我面试时间还有十五分钟，完全来得及，提醒我坐在旁边的沙发上稍稍整理仪容，然后才告诉我面试的公司就在隔壁。

那位负责前台的工作人员给我的印象是，笑容没有一点儿制式的客气，也不会因为屡屡有人走错了地方而有半点儿不耐烦。但我们这边的前台小姐姐在对待陌生访客的时候则有些"高冷"，曾经有一位直接从工地赶到我们公司来签单的客户，因为满身的灰尘而感受到了一些冷落，非常有涵养地对我们说"你们的前台很有范儿"。我们的前台因此被上司批评，委屈不已。

后来隔壁的那位前台被我们的几位客户接连挖角。有一位客户了解了她在校所学的专业，便推荐她到朋友公司应聘设计工作，也有客户想挖她到自家公司做客服部门的经理助理，还有的开出更高的薪水请她去做自家的门面。后来，她选择了符合自己专业的设计工作，离开了那方小小的前台。

同样的前台工作，却因为两个人对待自己的"产品"态度的不同，而产生了不同的"化学效应"。一位得到了更多的机会，一位直到我离开那家公司的时候仍然停留在原地。我不知两人的后续发展如何，但有个事实已经发生——

彼时之下，隔壁的前台通过对自身"产品"的精打细磨，得到了"尖叫"式的叫好，比与她站在同一个起点的另一位前台，更早一步实现了职业生涯的跃迁。

为自己的产品制定一个有效目标

有效目标一定是具体的，有时间期限的，以及能实现的。既然我们所求的不是 100 万人的"还好"，那就需要更专注于小范围内的精雕细琢。

我们要为客户做一份市场策划方案，当然会在了解客户的受众需求之后，再着手制作，但竞争对手也会这么做。如果想打动客户，首先需要打动客户的客户。我们该去了解的不仅是客户的需求，还有客户的客户的想法。

比如，我们接到了一家关于化妆品公司的策划任务，通过资料，知道了这个方案针对的是成熟女性产品的推广。我们在了解成熟女性对化妆品的需求时，不妨将关注点进一步锁定在某个具体阶段，毕竟成熟女性的这个范围还是太过广泛。30～40岁，40～45岁，50岁以上，像这样将客户划分成几个阶段，推出不同的应对策略，让客户也有更多的选择和启发。

这样做方案就等于替客户进行了一次市场调研。我们的调研数据就可以成为客户的参考，调研结果也可以帮助客户打开思路，这样的方案自然比那些泛泛而谈的方案更具竞争力。

如果我们是一位部门经理，就为自己的"产品"制定出明确的前行方向，比如一个月内完成和所有员工的单独面谈，三个月内将团队打造为一个人人都愿意发言的活跃团队，半年内让所在部门成为一个事事有反馈、事事有回应的高执行力部门，等等。

目标，一定不能假大空。**如果说"我想让我们部门在一年内成为公司最具影响力的部门"，那衡量标准是什么？**市场部认为自己身在一线，最了解客户需求，影响力毋庸置疑；销售部认为自己掌握着客户资源，业绩关乎公司发展，影响力首屈一指；客服部、人力资源部、行政部、质检部，公司需要这些部门，它们一定就具有存在的价值。因此，哪个团队是全公司最有影响力的团队，很难衡量。

如果一个目标无法具体量化，那么执行也就无从着手；如果目标脱离实际，得不到一定范围内的承认，那么更是无从实现。所以，为了你的产品，请制定一个可执行的有效目标，远离"还好"伪装的平庸陷阱，专注专心地打磨去收获100人的"尖叫"吧。

降低失误率的绝招有哪些

清单意识是一种化繁为简，能够帮助我们一次就能把事情做对的思维方式。

你有写清单的习惯吗？我有。出差之前，我会把出差所需物品列一张清单：身份证、名片、录音笔、充电宝、电脑、采访大纲……

我用清单把出差携带物品一一罗列，重要的物品后面还会标上一个红色星号。自从养成这个习惯，我便再也没有遗漏过出差要用的东西。

工作和生活中的事务纷繁交织，人的心力终究有限，一张清单，就可以把我们近期待办的重要事件一一罗列，每做完一项就做一个成就感满满的"勾决"，既可以将其视为提醒，也可以将其视为一种督促和自我核查的依据。

一次就把事情做对的思维方式

带身份证这种事情没有一点儿复杂性，装进旅行包或衣服口袋就行，但仍然会多次忘记，为什么？因为疏忽。延伸一下，就是缺乏对自己和对出差这件事的责任心。而这类由于责任心缺失所造成的失误，带来的并不全是补办临时身份证、推迟登机这种麻烦，有时候甚至可能造成极其严重的后果。

《清单革命》的作者阿图·葛文德曾经是一位医学工作者，正是因为他发现医院里的很多事故和悲剧原本可以不必发生，只要经手人再细心一些，再负责任一些，于是，他提笔号召了这场"清单革命"。

错误分为无知之错和无能之错。无知之错即不可抗力，不属于需要具体个人负责的范畴。但是，在我们的工作和生活中，至少50%的错误来自无能之错，即"我们犯错并非因为没有掌握相关的知识，而是因为没有正确地运用这些知识，包括个人在工作中的疏忽而导致的惨剧，也应归类为无能之错"。

列清单并不是简单地将待办事项写在一张纸上，更是一种化繁为简，能够帮助我们一次就能把事情做对的思维方式。

如何用清单降低失误率

如果这件事非常重要，就将做这件事的步骤一一列举出来，原则如下：

第一，清单的原则是化繁为简，列举时务求简单、高效。清单不是流水账，因为有着提醒和督促的作用，所以语言务求简练，直击要点，容易记忆，不易产生歧义。

第二，留出随时可以标注进度的位置。清单事项的进展一定要清晰明了，当前完成情况、进度百分比、完全完成等内容可以用一些只有自己知道的符号加以标注。

第三，清单并非一成不变。在实践中，如果发现按清单进行工作会对完成效果产生影响，就需要及时优化清单，根据实际情况做出调整。

第四，关键的节点一定要重点标明。关键的节点指的是那些执行过程中绝对不容出错的要点。

下面是我采访过程中，一位来自北方的企业的受访者马总出示的清单。

青岛机械展清单					
序号	步骤	完成时限	具体负责人	目前进展	最终完成情况
1	准备参展展品				
	汽车领域新品 3 大系列				
	航空领域新品 2 大系列				
	重工领域最新产品				
2	确定参展人员				
3	参展人员碰头会				
4	现场布展				
5	开展首日现场抽奖活动				
6	展会现场新产品宣讲会				
7	撤展				
	督促展品打包				
	联系物流				
	确定所有展品寄回厂房				

清单意识给予我们的臂助

首先，节约我们的工作时间。

当面前压着一堆待办事项时，如果没有有效的归序和整理，我们就很容易陷入千头万绪中，如俗话所说"东一榔头西一棒槌"，忙乱而低效。但只需一张清晰简要的清单，就可以将我们的时间从那些低效的工作中解放出来，进入清单的可控范围之内，从而极大地节约我们的时间。

其次，释放我们的大脑空间。

很多时候，我们日常所做的都是一些重复性较高的工作，繁复琐碎，单凭记忆很容易出错。如果面前有一张我们抬头便可以看得到、读得懂的清单，不但可以有效降低失误，还可以使我们的大脑有余力去思考，从而提升工作效率。

最后，帮我们迅速推进流程。

形成清单意识后，我们会发现，即使面对那些看来无从着手，甚至从未涉猎的事情，也能够迅速整理出一个推进的基本流程，并可以在此基础上，通过后续的学习进行迅速拓展，而这才是清单意识赋予我们的最强臂助。

GTD 时间管理法：不让事情追着跑

我们需要帮助大脑脱离纷繁无序、忙忙乱乱的状态，脱离那些见效甚微的无谓的消耗，回到它最该保持的思考状态。

戴维·艾伦曾提出了 GTD 时间管理法，其核心原则就是要清空大脑，将积存在大脑中的繁杂事务进行梳理，并制订每一步的行动计划，确保所有的事情都能够有条不紊地完成。

清空大脑，放松心灵

很多时候，我们会因为繁杂的工作而感觉到压力。压力不是来自工作本身，而是因工作的混乱无序而引发的心理焦虑和抵触。

比如，我们对于想达成什么样的目标，解决什么样的问题，以及预期的结果都不够清晰具体；比如，我们举棋不定，很难确认下一步即将拿出的具体行动措施；比如，我们后继乏力，没有为具体的目标和行动建立一个一目了然的提示信息……

那些模棱两可、举棋不定、后继乏力，会让我们的大脑一直处于纠结和内耗中，从而让心灵疲惫不堪，精力被透支得一干二净。

同时，我们每每提起"高效率"，脑子里也往往会涌现出那些紧锣密鼓的行程安排、写字楼格子间里的争分夺秒。而运用 GTD 时间管理法，可以帮助我们在繁忙庞杂的工作中拥有放松的状态和高完成度的工作成效。

首先，清空大脑内存。大脑是用来思考的，不是用来消耗的。**一件事情在大脑中所占的空间越多，说明其在现实中的进度越慢。**与其一直耗费大量时间提醒自己那些该做没做的事情，纠结于怎么还没有完成，不如先把所有事情分门别类，简单有序地进行整理。

其次，把任务和项目从书面转化为具体的行动。任务书做得再完美，项目 PPT 做得再精致，都不如动手去做。**一件事情最好的解决方案，一定是需要具体的行动才能贯彻完成。**

一个人在感受不到任何压力的情况下，才会收放自如，在需要专注的时候立刻专注，在需要放松的时候又可以完全放松，即使万事缠身，仍然思维清晰、精力充沛。那么，GTD 时间管理法又是如何帮助大家摆脱心力交瘁的不良状态，达到放松和高效兼备的双重境界的呢？

收集整理，组织执行

先来了解一下 GTD 时间管理法的执行步骤：收集、整理、组织、回顾、执行。

收集这一阶段旨在帮助我们把所有的工作量全部罗列出来，所收集的是我们大脑中所有的想法和未尽事宜、行动目标，比如成熟的方案、不成熟的想法，以及藏匿在大脑各个角落中的任务目标等。我们的大脑不再需要时刻记住各项事务的完成情况，才能够专注地用于思考。

整理指整理归纳收集到的所有的工作任务，清空工作栏。确定每一项工作的内容和实质，为每个任务打上标签，并判断下一步的具体措施。哪些任务需要马上去做？哪些任务需要延后处理？延后处理的工作需不需要再次分类？哪些工作需要委托他人？根据问题一一给所有的工作任务打上标签。

组织指将整理后的任务按照不同的清单进行分类。下一步的行动清单如果涉及多步骤的工作，也需要进一步细化。

回顾指定期进行回顾与检查，确保所有清单的内容能够得到执行，并根据执行期间的情况进行及时更新。

执行指根据时间的多少、精力情况及重要性来选择清单上的事项行动。这一步是整个 GTD 流程的最终目标，通过执行清单上的任务，实现时间的有效管理。

各司其职，脱离无序

2021 年在北京举行的国际机械展，我采访了某企业的兆经理。在我看来，兆经理就是一位对工作始终保持高度热情的资深从业者。采访现场，我看到了那款将该企业推上美国制裁名单的产品，也看到了展台上针对各加工领域推出的多系列整体解决方案。

那次采访经历让我清楚了 GTD 时间管理法，就是要帮助我们的大脑脱离纷繁无序、忙忙乱乱的状态，脱离那些见效甚微的无谓的消耗，回到它最该保持的思考状态，以更放松、更高效的方式管理任务，达成目标。如果你此刻还不能完全消化这个方法，就先拿出一张纸，把你当下、近期、未来，想做、即将做、还没有做的事情一一列举出来。也许，在你列出来的那一刻，便已经找到了对 GTD 的最佳应用法则。

现场链接

"面对如此复杂的中外竞争环境，贵公司是如何摒弃干扰，按照自己的步调，有条不紊地推出这些应用于新兴行业的新产品和新技术的？"

"我们集团公司的大厅里有一块大屏幕，两个内容在上面滚动播出，一个是公司的宣传视频，另一个就是公司本年度当月的待办事项。各部门根据各自的职责，根据待办事项领取各自的任务，然后向总经理提交任务计划和清单，在每月一次的部门会议上汇报进展，同时寻求总经理的支持和部门间的合作。每一项事务一旦执行完毕，总经理会在一周内对结果给出反馈。"

"我们全员一体，总经理就像大脑，各个部门就是手和脚。各部门各司其职，使总经理有时间、有精力去做全局的规划和思考。无论是针对传统行业的突破创新，还是针对新兴行业的专项研发，都是领导层基于国内外市场的综合因素做出的决定。我们的产品系列和种类很多，因此事情也很多，但除了那些因为工期的临时变动做出的必要性突击，很少有加班加点的时候。每年元旦假期回到公司之后，各部门经理站在大屏幕前领年度任务；每月月初，大家还会站在那里领月度任务。这已成了我们公司的一道风景。当然，我作为集团的副总经理，事情也多。所以我也有一块自己的'大屏幕'，把待办事项贴在办公室的墙上，然后一项一项地拆解执行，效率很高，效果很好。"

细节：如何从甲方的角度看自己

作为策略的制定者，甲方需要确保局面不会失去控制，那就让我们在执行甲方策略的过程中，成为甲方，理解甲方，并将他们想要的产品、服务和产品品质一一呈上。

甲方和乙方的区别是什么？常规情况下，甲方是策略的制定者，乙方是策略的执行者，所以乙方需要充分了解甲方的需求，并竭尽所能地满足其需求，实现自身利润的最大化。一家企业在市场中的价值，取决于甲方的认可度。一个人在职场中的位置，则取决于能够为所有甲方提供的价值，这个甲方，包括我们的任职公司、上司、客户、工作伙伴和搭档……

为了更了解甲方，我们可以学着从甲方的角度看自己，对自己进行一个细节化的营销推广。

细节营销，从变成甲方开始

很多营销课程都曾提到过一家企业之所以不知道自己为什么会失去客

户，是因为它从来不会花钱买自家的产品。记住，是"花钱"。

一家包子铺，老板的午餐吃的就是自家的包子，证明卫生过关，可是他没有花钱，所以他很难真正体会到那些花钱来吃包子的食客的感受。包子的馅儿有点儿咸，他想的是下次少放点儿盐；包子的面皮有点儿酸，他决定下次揉面的时候多放点儿碱。但他的那些甲方们花钱来吃包子，就是为了吃到可口的食物，一旦不合乎要求，便很难再给他下次机会。

一家企业如何能够站在甲方的角度来反观自己的产品？在柏唯良所著的《细节营销》一书中，提到了一些做法，归纳如下：

第一，看清现实。不要在样品间只摆放自己的产品，要把竞争对手的产品也放在一起，像超市一样，从消费者的角度看待所有的产品。

第二，找到前客户。和那些离我们而去的客户交谈，了解他们不再消费的原因。

第三，让客户参与管理。可以让部分客户成为自己的部分营销人员，并在产品上市前后寻求客户意见。这样的做法不但可以使我们在第一时间就得到深具参考价值的体验反馈，还可以使客户参与我们的产品的管理，从而形成一种情感上的联结。

第四，做一次自己的产品的客户。按照市场价至少购买一次自己的产品，如果需要的话，和其他消费者一起排队等待，以便看到自家企业的营销过程。

第五，去做一次竞争对手的客户。客观地使用对方的产品，体验对方的服务，了解对方的营销模式，吸取经验。

作为个人，又该如何将这些做法运用于职场中呢？

如果我们对自己的定位不够清楚，比如优势、劣势、求职方向、应聘职位等，可以把自己和同一职位的求职者或同事放在一起比较，并思考和对方相比，我们较为明显的优势在哪里？劣势是什么？是否具有竞争力？如果我们是公司人事或其他部门经理，会做出什么样的选择？看清事实，有助于我们从执行层面提高自己。

如果方案被客户拒绝，请一定要心平气和地了解原因，而不是简单粗暴地认定对方"不识货"；如果在应聘中失败，不妨与面试官进行一次专业的交流，了解在对方眼里，自己的问题出在何处；如果对对方的评价并不认同，那就把自己想象成老板或人事经理，想想是否会雇佣"自己"，为什么。

如果我们对自己的能力还是不够了解，不妨为自己下一次单。是的，下单。比如，以自己作为宣传目标，写一篇介绍自己的宣传稿件，或设计一个把自己推向职场的推广方案，或在家里进行一次以各公司人力资源经理为主体的小型"见面会"，体会将自己作为产品进行精心推广的过程。

如果是销售人员，总是被隔壁的销售人员打败，那就到隔壁的店里，使用对方的产品，体验对方的服务，找到自己的不足和差距；如果是一位部门管理者，在本年度的业绩评比中败北，那就去当一次对方的客户，看对方如何与客户周旋、谈判，如何说服客户接受他的价格和方案。

从客户角度为客户解决问题的态度

就在近期，我采访了一位定居南京的女性——刘总。刘总在外企做了二十余年，从销售人员做到了如今的总经理，且至今仍然做得非常得心应手。

刘总谈起她从销售人员中脱颖而出的关键原因，就是她愿意花大量的时间去了解自己的客户。刘总所在的公司来自瑞士，所生产的一台设备的售价高达几千万元，最经济的机型也在 500 万元左右。因此，客户采购的时候会非常审慎，一般都要经过多轮的验证测试，有时候采购期会长达半年。曾有一位来自航空公司的采购负责人，考察了包括刘总所在的公司在内的数家来自德国、瑞士的品牌，却始终举棋不定。刘总是如何面对此次竞争的呢？我们不妨来学习一下。

"航空领域的客户要求都非常高，选择范围一般都会设定在德国制造和瑞士制造这两个领域。在接这个单子之前，我对自家产品的各项指标了如指掌，确保了自己面对客户咨询时能够对答如流，认为这就足够了。但当那位航空公司的采购负责人坐在我面前，拿着四五家德国品牌和瑞士品牌的产品资料来回对比时，我发现自己居然没有发表意见的底气。我当然可以阐述自家产品的优异性能，但如果客户询问和对标公司相比，我司产品具有哪些明显优势时，我很难客观地回答，一个不小心就成了诋毁同类品牌，这在业界是大忌，是很容易消耗客户好感的非专业表现。所以，我当晚就开始恶补对手的资料，也开始通过各种渠道了解该航空公司采购这一批设备的加工方向。"

刘总找到了竞争对手加工的产品，请自家的技术人员进行鉴定测试，和自家设备的加工品质进行优劣对比，并催促技术人员加急出具了非常细致的测试报告，加工时长、寿命、耐磨损度等各项指标对比一目了然，连同测试视频一起发到了采购人员的邮箱里。

刘总所做的产品对比报告其实应该是甲方采购人员该做的事，他需要拿着这些报告作为选择的依据，向公司进行汇报后再做出最终选择。刘总替他干了这件事，这在当时的业界是罕见的，可以说，她比同行的销售意识提前了好几年。这个大单，也让刘总直接进入了瑞士总部的视野，走到了今天。

刘总站在客户的角度，很清楚地知道客户货比三家比的不仅仅是价格，所以她进行了测试并出具检测报告，供客户参考。或者，对于那位采购人员来说，几台设备的性能和价格都相差无几，打动他的，就是刘总这种愿意从客户角度出发，去为客户解决问题的态度。

客户为什么留下？客户为什么离开？客户为什么会选择另一家？客户的真正需求是什么？只有成为客户，才能了解客户。作为策略的制定者，甲方需要确保局面不会失去控制，那就让我们在执行甲方的策略的过程中，成为甲方，理解甲方，并将他们想要的产品、服务和产品品质一一呈上。

不能"变现"的能力不叫能力

空有技能，没有将之变现的力量，不足以称之为能力。

能力对你来说是什么？是值得炫耀的"装饰品"，还是自我欣赏的"安慰剂"？这些都不对，其实能力是用来变现的。

能力的存在，就是为了让我们拥有更好的生活的可能。当一项能力并不能帮助我们实现这一可能时，就要深入思考如何进行改变和提升。

不能实现变现的能力不是好能力

此处所说的能力，应该是一种技能和力量的总和。

空有技能，没有将之变现的力量，不足以称之为能力。

很多人都有这么一种感觉，在长大的过程中，被周围人一再肯定，自己也认同某种优势，却没有成为工作中的加分项，有时候甚至会形成制约。

比如，你从小到大，都被人定义为是个听话乖巧的孩子，你也认为自己具有很高的配合度，适合跟随强势的领导，做一个具有高度执行力的辅助。

但事实上，你在工作中发现高度的服从性和配合度，会让自己的辨别能力、判断能力得不到应有的成长。即使是文员、秘书、助理这些辅助性职位，也会有需要任职人员独立思考、做出决断的时刻；即使领导将每件事都安排得面面俱到，执行过程中仍然会出现突发状况。

你协助领导布置一场新品发布会，所有的布景、海报、宣传语、广告视频的播放器均提前进行过确认，只需要安装到位就万事大吉。布置过程中，你负责现场监督，有安装工人先后跑过来问你："运送到现场的装饰绿植在搬运的过程中摔碎了一盆，怎么办？原定安装液晶电视的位置，电源出了故障，怎么办？海报在安装过程中，支架坏了，怎么办？"

这种情况下，如果你一次又一次地给领导打电话报告、请示，那么恐怕你离失去这份工作已经不远了。

比如，很多人说过你文笔不错，你也认为这是自己的长项之一。但一直以来，你既没有因为完成过一本小说而得到额外的收益，也没有因为出色的文笔而得到上司的赏识。你可以靠文笔完成部分工作，但也只是完成而已，你无法借助这个能力为自己打开上升渠道，也不能拿出一篇令人惊艳的文章获得满堂喝彩。那么，你就可以告诉自己，文笔算不上你的能力，充其量只能算是一项平平无奇的"手艺"。

如何才能让能力变现

想让我们的能力变现，首先要让这项能力变强。

第一，勇敢迈出第一步。

不积跬步，无以至千里，任何一件事情的开始都始于我们迈出的第一步。

如果你想提升自己的文笔，让它从一项平庸的技能成为闪闪发光的能力，那就先从每天的练习开始，每天写上 500 字、300 字，甚至 200 字，无论质量优劣，先从写开始。

心情的记载、临时的感悟、闪过脑间的小故事……什么都可以写；好的、坏的，让你高兴的、愤怒的、心生感动的、莫名其妙的，都可以写出来。

如果你喜欢短视频，那就开始在视频平台上发布自己做的视频，在还不知道什么素材是你的主要方向时，那就什么都发。在阳光下晒着肚皮的猫咪、楼下跳广场舞的老太太、公园里嬉戏的孩童、上班高峰期的拥挤……当你发的频率高了，你一定会在某一天发现哪一条路是你应该为之努力的赛道。

先完成，再去追求完美。

第二，将目光锁定在有价值的事情上。

什么是价值？市场所需。市场需要什么，什么就有价值。大家可以将自己的能力与市场需求做一个有机结合。

如果你具有优秀的平面设计能力，想要在工作之外有一份额外的收益，不妨去开发客户人群。很多短视频博主其实都需要一个精通平面设计的固定的合作伙伴，但不是每一位博主都能雇得起一位固定员工。你可以广撒网，用私信的方式向大小博主推荐自己的设计，只要你的能力过关，相信一定会有一笔不错的收入。

第三，提升能力，了解信息源头。

想让一个人或一家企业为你的能力买单，前提是信任，信任你的能力能够为对方创造价值。而能力一定需要不断地提升和进益，因为市场永远在变化，需求也在不断升级。

当然，这种提升如果还想更进一步，那就需要去了解信息的源头。

举例来说，如一个擅长文件收档整理的人，以前只要能够将文件分门别类地存放，确保其安全性，以及查找的快捷性，基本就算合格。但这样的能力现在显然已经不够，除了纸质文件的存放，电子存档已经成为必选项，云储存也成为文件存档的方式之一。这个人如果还想在这个工作领域继续发光发热，就必须着手了解电子存档，了解云盘，了解云上传，并了解在这种方式下如何最大限度地确保文件的存储安全。

第四，大胆地输出你的才华和观点。

我们被这个世界承认的过程，就是我们输出才华和观点的过程。我们首先要被看到，才有可能得到。

世界不会因为我们的裹足不前就停止发展，也不会因为我们的怀才不遇就无人才可用。与其在黑夜中叹息没有人识出自己这块真金，不如在阳光下自己做自己的伯乐。不要吝啬于表达自己的观点，不要放过任何展现才华的机会，更不要害怕犯错。去做、去执行、去争取、去成长、去完成，让你的能力在这个世界上得到完全发挥和尽情释放。

相关关系

公鸡叫了，天亮了。
这二者是我们司空见惯的、相伴发生的事情，
稍有不慎就会将之当成因果关系。
但事实是，
公鸡不叫，天仍然会亮。

第六章

河流模型

选择了一条错误的道路，
即使你奋力奔跑，
也永远无法抵达你想要抵达的终点。

因果关系

按下关机键，电脑就关了。
不按关机键，电脑不会关机。
因为 A（按关机键）发生了，才会有 B（电脑关闭），
A 是 B 的起因，B 是 A 的结果。

深度工作

如果不能够让你忙碌的每一分钟都成为你高度专注的注脚，
就会让你的八小时甚至更多的时间成为价值低廉的空头文章。

复刻决断力：
科学地做出选择

摆脱设计者的控制，成为掌控危机的掌舵者。

职业选择

一粒石子也拥有改变河流走向的力量。
选择一份职业，就是选择了一种人生，
不想将自己局限于某一个范围内，
就不要仓促地做任何决定。

怎样才能鉴别真正的因果关系

一个能够将数据思维运用到极致的公司或个人，对客户的了解可能会胜过对自己的了解。

什么是数据？所有能够被电子记录下来的，包括数字、文字、声音、照片、视频等，都可以称之为数据，是属于这个信息爆炸的时代的特色。

而所谓的数据思维，就是把我们工作中遇到的问题定义为数据，通过量化的数据反映事实，做出分析、判断，从而解决问题的一种思维模式。

在王汉生教授所著的《数据思维：从数据分析到商业价值》一书中，讲到了数据分析中存在的相关关系和因果关系，其中相关关系大量存在，因果关系相对稀有。但因果关系的重要性无法替代，只有找到因果关系，才能造就企业或个人的方法论，产生工具，形成动作，这也是数据思维的基本架构。

那什么是相关关系，什么又是因果关系呢？

公鸡叫了，天亮了。这二者是我们司空见惯的、相伴发生的事情，稍有不慎就会将之当成因果关系。但事实是，公鸡不叫，天仍然会亮。所以，它们属于相关关系。

按下关机键，电脑就关了，不按关机键，电脑不会关机。因为 A（按关机键）发生了，才会有 B（电脑关闭），A 是 B 的起因，B 是 A 的结果。这种一个事件（A）对另一事件（B）的作用关系，为因果关系。

下面，我们讨论的重点，便是数据思维之下的因果关系。

如何确定因果

我们在工作中、生活中，每天都需要做出各种决策。问题是，应该如何做出正确的决策。

在很多学科领域，厘清因果关系都是做出最终决策的重要步骤。

我们的工作和生活存在很多关系，所以我们容易将因果关系和其他关系混淆。就如公鸡和天亮，因为太过理所当然，所以很容易造成属于因果关系的错觉，类似的如下雨与打伞、出门与堵车、地铁和拥挤……都不是因果关系，而属于相关关系。鉴别出真正的因果关系，不但是养成数据思维的关键，也是引导我们做出正确决策的主导因素。那么，怎么才能鉴别出真正的因果关系呢？

首先，确定"原因"和"结果"是什么。一般情况下，原因发生在结果之前。原因发生后，结果才会发生；原因持续期间，结果持续；原因消失以后，结果也会消失。

其次，质疑和确认。质疑是为了更好地确认，可以从三方面着手：（1）一件事情的原因和结果，是否纯属巧合，或具备完全偶然性；（2）是否存在杂糅因素（也称"外来因素"）；（3）是否可以进行逆向的因果推理。

最后，制造反事实，进行对立面的对比。看一件事情的"原因"和"结果"之间是否存在因果关系，不妨拿"原因"发生之后的实况，与"原因"未发生之前的情况"如果"进行对比，或者用"原因"发生之后的实况，与"原因"未发生的"如果"进行对比，这种"如果"就是反事实，比如"如果这件事没有发生，应该会……""如果这件事不是这个样子，事情会……"

实质上，我们永远无法得知一件事如果没有发生会怎样，进行这样一种反事实的对比，是为了探索其他的可能性，尽可能地将事情调整到可比较的状态，思考如果没有这个原因，会不会出现这个结果。比如因为下雨了，所以你打了伞，但不下雨，你仍然可以打伞，可能是为了防晒，也可能只是觉得好玩。而且下雨了，你还可以穿雨衣，甚至冒雨前行，下雨与打伞之间不存在客观强制意味的必然关系。

看清结果，也会找到原因

前段时间，我参加浙江某家中型公司的周年庆典，该公司的一位产品经理在推荐最新上市的几款产品时，PPT 上显示的却是上一季的某款已经发售过的单品。总经理章先生当时站起来向大家道歉，宣布会议暂停。大概一小时后，会议继续，新的产品经理用新的 PPT 重新开始进行新品推介环节。在会议结束之后的采访中，我问章总，那一小时的时间里发生了什么。

"这件事发生后，我的第一个想法是新品推介的 PPT 是在上一季旧版本的基础上制作的，工作人员却忘记保存，导致失误。但是，在从会场开车回办公室的路上，我想到了这款产品是我们这一次的核心产品，是我们推向市场的一张王牌，在发布会之前还曾向三家体量较大的经销商透露过一些细枝末节，吊足了他们的胃口，工作人员不可能不知道它的重要性。

而且它也不是 PPT 中的最后一款产品，如果前面的产品都能保存完整，为什么独独在这款最重要的产品上犯了这么一个低级错误？我根据这个结果往前推，在车上和助理、产品总监通了电话，请他们确定最后审核人员及审核的最终版本是否有留存。重新制作一个 PPT 不难，换个讲解人也容易，但我们需要保证这个看似因为一时疏忽所造成的失误，不会对公司造成大的损失。结果证明，我这个担心是很有必要的，一个因为外界因素所造成的潜在隐患已经初露端倪，接下来我们将进行一次全面清查。"

在此我不讨论商场的阴谋、阳谋，我们看的是，章总将"PPT 上独独缺少公司本期王牌新品"定义为结果，去寻找真正的原因，目的是避免更大的损失。

因果为决策服务

如果是我们个人，该如何在决策中找到因果关系呢？

比如，有两份工作摆在我们面前，我们需要在今天做出决定，这件事情的因是什么，果是什么？

因是为了得到面试机会而精心做的准备？是在面试时稳定的发挥？是基本的专业知识积累和丰富的工作经验？都是，又都不准确。真正的因是我们的求职行为，因为没有这一步的开始，后面的一切都不会发生。

果是什么？显然不是两份工作的选择权，而是能够得到一份有助于我们今后数年发展，并能够提升未来发展空间的工作。为了这个果，我们需要对两份工作进行全方位的数据对比，两家的行业前景、发展空间、晋升通道……甚至，我们需要在网上进行相关信息的搜索，如行业口碑、市场信誉等。

再比如，我们是调职到分公司做部门经理，还是留在总公司继续从事目前岗位中做选择。因是什么？有两个可能：第一，自己的能力受到了上司的瞩目，但总公司缺少合适的岗位；第二，受到了排挤，被总公司下放到地方进行"试炼"。这一点，可以通过对分公司的信息考察来进行确认，分公司的区域市场环境如何？用户群体潜力如何？总公司对分公司是否具有相应的政策扶持和支援？根据所得的信息，来评估自己面临这次选择的原因。

如果分公司潜力巨大，那么原因为前者；如果分公司形同虚设，那么原因为后者。有了原因，就会知道结果。如果是前者，我们可以根据自身的情况做出选择，既可以到分公司赴任，也可以继续留在总公司，结果就是继续为现有公司发光发热；如果是后者，只会有一个结果——离开这家公司。这之后，无论是选择维权，还是退让妥协，都只是为这个结果服务而已。

定义真正的原因和结果，是厘清因果关系的第一步。当然，这中间还需要排查是否属于偶然发生，探究更深层次的复杂因素，以及根据结果能否逆向推理出原因等。如果有需要，可以进行反事实的对比，从中找到帮助我们做出正确决策的数据依据。

为什么说选择质量决定你的生活质量

选择了一条错误的道路，即使你奋力奔跑，也永远无法抵达你想要抵达的终点。

瑞·达利欧在《原则》中说，时间就像一条河流，载着我们顺流而下。遇到现实，需要决策，但我们无法停留，也无法回避，只能以最好的方式应对。

面临选择，做出决策，这是我们人生的必修课。面临选择是决策的前提，做出选择是决策的结果。

坚持正确的方向

时间如河流，人生又何尝不是一条河流呢？既有一个又一个浅滩，也有一个又一个选择。这些选择中，有事关彼时前途命运的重要选择，也有关乎未来数年发展的重要选择。但当时间流淌而去，回头再看，那些重要的选择只影响了做出选择的那一刻，有些看似无足轻重的决定，却对整个人生来说至关重要。

在某一个层面来说，选择的确比努力更重要。在"河流模型"中，有一条原理为"走弯路不要紧，坚持正确的方向"。选择了一条错误的道路，即使你奋力奔跑，也永远无法抵达你想要抵达的终点。

如果想要最大限度地做出正确的选择，有两点不容忽视。

第一，我们日常的工作和生活中，一直有很多大大小小的选择，这是一种让我们持续积累优势的途径。只有在这些大大小小的选择中，不断依据因果关系做出正确选择，才能够确保我们鉴别因果关系的能力不断提升，从而能够更加从容地面对那些攸关未来前程的重大选择。

第二，**心中做最坏的打算，行动上要有最好的准备。我们需要有破釜沉舟的勇气，但不要做孤注一掷的选择。**孤注一掷时，很容易陷入思维误区，无法客观地分析数据，得出正确的结论，也就很容易做出错误的决策。

高质量的选择为生活带来质的飞跃

还记得前面提及的那位苏州的洛总吗？他选择在特殊时期辞去大公司的高薪要职，出来单干。这个选择在很多人看来，不但极为冒险，还很不明智。

在采访之后的闲聊中，洛总曾说过，当时在大公司面临两个选择，一是到指定城市开一家分公司，他作为总经理负责筹建前后的所有事务；二是留在总公司，在确保原有市场区域的同时，加大西南市场的开拓。最后，他给了自己第三个选择——创业。

"既然一个是筹备新公司，一个是开拓新市场，我就把它们合并了，既筹建新公司，也开拓新市场，只是这一次是为我自己干的而已。"

但洛总的这个选择不是临时起意。在此前的两三年的时间里，他利用自己身处市场一线的优势，一直进行着市场调研，征集用户加工诉求，随时跟进加工场景的更新迭代，了解新产品的研发趋势……可以说，他拥有第一手的市场数据。

他做出创业的选择，看似孤注一掷，实则是深思熟虑后的结果。

"我很确定，我能够为自己的选择负责。我现在可以生产自己想要生产的产品，可以为用户量身定做整体解决方案，可以在我们的新品发布会上对销售额最高的经销商直接进行现金奖励。这是我在之前的大公司一直想实行却无法如愿的计划。我每天的工作都是收获满满，从公司回家的途中心里踏实而满足，从家赶往公司的途中则充满对新一天工作的期待，感觉自己的生活品质都有了一个质的飞跃。"

人生这条河流，注定滚滚向前，无论会为我们设置多少个选择的浅滩，最终都会将我们送往所有人都要去往的那个终极之地。拥有一个高质量的人生，便是我们这条河流的使命。所以，做好每一次选择，即使是那些看起来并不重要、可有可无的选择，也请一定用心对待。在持续累积中，为自己积攒足以面对重大选择的底气和能力。当我们因为一次次的正确的选择而欢欣鼓舞时，请相信，我们正行走在通往正确的目的地的路上。

让 1+1>2 的做事法

大家可以把自己当成一家企业来经营，为自己制订最优规划，进行最优配置，达到最优状态，锁定最优结果。

"帕累托最优"是 19 世纪意大利社会学家、经济学家维弗雷多·帕累托命名的经济学概念，同时他还提出了"帕累托改进"这个概念。

帕累托改进，以没有人变得不好为前提，让有些人变得更好。帕累托最优便是帕累托改进的最终结果。假设，在今天的早餐中，你和我都有一个煮鸡蛋。但你只喜欢吃蛋黄，讨厌吃蛋清；我喜欢吃蛋清，不爱吃蛋黄。经过协商，你用蛋清换去了我的蛋黄，我用蛋黄换到了蛋清。这样，你拥有了两个蛋黄，我拥有了两个蛋清，双方的利益都得到了双倍的提升。这就是帕累托改进的典型操作模式，双方利益的双倍提升便是结果——帕累托最优。

部门合作

根据经济学定义，帕累托最优需要同时满足以下 3 个条件。

其实这里面还涉及经济学里的边际效用，简单来说就是，一件事情的方方面面，都已经达到了最优标准，再也不需要用帕累托改进法进行改进。

例如，现有 A 和 B 两人，前者在市场部，后者在客服部，都因各自的工作需要致电客户。A 是为了了解老客户在使用产品过程中遇到的问题，以便反馈给生产部门进行改进，同时还要了解客户的最新需求，为设计部门提供设计研发方向。B 联系客户，是为了了解客户的产品使用体验，以便有针对性地提供售后支持和技术培训。这意味着客户需要接到至少两个电话，接受同一个公司不同部门的工作人员的咨询。

如何帮助 A、B 和客户进行改进，从而达到最优结果呢？

如果 A 和 B 能够进行跨部门合作，首先将问题汇总，会发现其中有些问题甚至是重合的；而后将即将电话联络的客户一分为二——甲群体和乙群体。A 打电话给甲客户群体，B 打电话给乙客户群体，之后两人交换信息，各取所需。如此一来，客户不必频繁接到同一个公司打来的不同人的电话，A 和 B 则也只需要打原定电话数量的1/2，工作效率、时间、客户体验感均得到了优化。

个人获益

第一步，自我观察，准确评估

坐下来，拿一张纸，记录自己的优点和缺点。如果已经成为创业者，那就写下我们为自己的企业做的所有事，写下产品的优劣势，列出日常的支出，以及与销售业务相关的日常任务。

第二步，找到关键，优先处理

从上面列出的优缺点中，找到其中对我们的事业最有影响力的关键点。如果有所助益，就不断提升、优化自己这一优点；如果产生不利影响，就写出改进方法。前面的章节已经提供过多种提升思维和扩大优势的方法，我们可以根据自身的特点、从事的行业领域，找到最适合自己的提升模式。

如果是创业者，就从列出的事务和日常任务中找到最关乎自己业务发展的事项，思考这些事务和日常任务是否达到了自己所认为的最优标准。如果没有，这就是我们应该优先处理的关键事项。

第三步，避免冗赘，精简流程

无论采取了哪种改进办法，一定不要墨守成规。就像"拖延症"有一个成因就是完美主义。但如果我们已经可以通过不断的自我提醒逐渐摆脱"拖延症"带来的不良影响，就不必把完美主义视为阻碍自己前行的大敌。我们的目的是解决问题，不是和自己较劲。

创业者要看的，是自己每天都在执行的日常任务里，有哪些是可以简化的，哪些是可以完全删除的，甚至可以舍弃一些无法产生更高收益，却占用了大量时间和资源的次要产品。这样做是因为我们应该避免在次要问题上投入过多的时间和精力。

第四步，资源重置，合理分配

这里的资源，除了各种人力、物力，还有时间。我们的优点如果能够为自己的事业添砖加瓦，那当然是皆大欢喜，如果它们反而因为各种原因成为阻力，那就找到它们对眼下的工作最有帮助的部分，进行有针对性的提升训练。

作为创业者，需要通过优先处理那些具备更高价值的事务，从而提高工作效率，并针对这些事务更有针对性地分配资源，以实现效益最大化。

第五步，创新保鲜，事半功倍

提高了效率，节省了时间，节省下来的时间用来做什么呢？可以用来进行思考，进行创新，用创新来保持自身或企业的活性。我们之前投入 1 小时，只能做一件事，现在可以用节省来的半小时，为我们或我们的企业、产品、团队，想出更多的新创意、新方式、新办法。

运用"帕累托最优"，让 1+1>2

邹总是一家总公司设在苏州的民营企业的重庆分公司总经理。该公司在业界有一款应用于汽车领域的产品，多年来一直是业界标杆。但我在重庆展的采访中得知，邹总的重庆分公司并不销售这款产品，而会帮助所有找上门来的用户与总公司的销售部进行对接。

"事实上，我们与苏州总公司的关系，更像是一种互通有无的合作关系。总公司提供最初的启动资金和技术团队，让我们有能力去研发针对西南市场的航空航天产品，而我们提供的就是这些就近找上门来的客源，帮助王牌产品在西南市场进行份额扩张。"

我国航空航天领域有着如何广阔的发展前景，我不必赘述。邹总说，他在接到公司任命书的隔日，就制作出了重庆分公司的五年、十年发展规划。如何利用现有资源做到最优配置，达到最优效果，是他这份规划的重心。邹总的主要目标，就是要打造应用于航空航天领域的名牌产品。但这些，少不了总公司的支持。

"如果重庆分公司主打销售那款王牌产品，看到公司有稳定的进项，同事们心里一定少了一份迫切感，很容易就会成为一只被温水煮着的青蛙，那么，建立分公司的意义何在？现在，我们用储存、维护、销售王牌产品的资源和时间，进行航空航天应用产品的研发，分公司上下因此被调动、被激活。在总公司的大力支持下，短短三年，我们就撬开了一直被进口产品所占据的航空航天市场的一角，拿到了几笔不大不小的订单。与此同时，因为我们在重庆设厂，那些汽车大厂的分部找到我们购买王牌产品，我们会立刻推荐总公司的销售人员与其进行沟通，从另一个角度增加了王牌产品在西南市场的销售额。"

帕累托最优，一种 1+1>2 的做事法则。无论是企业还是个人，无论是合作共赢还是独自支撑，都需要找到一种能够事半功倍的方法。或者，大家可以把自己当成一家企业来经营，为自己制订最优规划，进行最优配置，达到最优状态，锁定最优结果。

如何才能进入深度工作的状态

如果不能够让忙碌的每一分钟都成为你高度专注的注脚，就会让你的八小时，甚至更多的时间成为价值低廉的空头文章。

"深度工作"的概念，最初由卡尔·纽波特提出，后来他又在《深度工作》一书中对这一概念进行了进一步的诠释。在该书中，还有与"深度工作"形成对照的"浮浅工作"。

收发邮件、参加一些无法参与意见又对我们帮助寥寥的会议、打印或复印会议记录、按领导指示转发群聊通知等难以产生生产力、不能创造高质量产出、对个人成长更没有太多帮助的低认知力事务性工作，工作人员不需要太强的专业能力和丰富的工作经验，只要具备基本常识便可胜任，因此随时可以被替代，也随时可以不存在。像这样的工作便属于"浮浅工作"。

而深度工作，在卡尔·纽波特的定义中，属于"在无干扰的状态下进行专注的职业活动，使个人的认知能力达到极限"的一种高效率、高生产力的工作状态。简而言之，如果我们的工作属于低效的忙碌，则为浮浅工作；如果具有高效的产出，则为深度工作。

不得要领，忙而无功

我刚参加工作的那段时期，曾经遇到过一位在企划部任职的同事，她总是很忙，一天八小时还不够，经常性加班。大领导为此曾多次在例会上表扬她，还公开地"暗示"我们向其学习。

但是，由这位同事负责的方案，过稿率一直是部门中最低的，低到部门经理即使帮其修改稿件，仍然无法让客户满意。毕竟稿件的底子在那里，后期再如何润色、如何拔高也很难改变其整体创意。甚至部门经理将自己的创意提供出来，这位同事做出来的方案仍然完全抓不住要点。最终，大领导亲自考察后，不得不很遗憾地放弃了这位同事。

没有人会怀疑这位同事的努力，但属于很低效的努力，为什么？

大领导说，他曾经怀疑这位同事的专业素质，但经过谈话后，认为对方的专业能力完全合格，更深层次的原因，在于她对所有工作都没有进行过深度的思考，完全凭着本能在做事情。很多别人在八小时内完全可以完成的工作，她却需要加班加点，拼时间才能够完成。她说自己在工作时喜欢听着轻松的音乐，喜欢依靠浓烈的咖啡来刺激大脑皮层的活跃。这种方式没有问题，但同时这也表明，她一直没有进入高度专注的工作状态。然而市场策划这份工作，需要的就是在高度专注过程中迸发出的天马行空的创意。她的方案，客户那边不通过，就是因为缺少创意，所以 PPT 做得再漂亮，术语用得再专业，也入不了客户的法眼。也可以说，她只有战术，没有战略，做出的东西没有灵魂，缺少亮点。

也是从那个时候开始，我了解了忙而无功的真正含义。原来，如果不能够让你忙碌的每一分钟都成为你高度专注的注脚，真的会让你的八小时，甚至更多的时间成为价值低廉的空头文章。

如何才能进入深度工作的状态

《深度工作》一书给出了 4 大准则，我放弃了那些太过专业的名词，结合诸位受访者的经验，用更加生活化的语言，将 4 大准则重新整理，供大家参考借鉴。

第一，我们需要更加合理地安排工作，在有限的时间里让产出得到最大化体现。

截至目前，本书提供的清单意识、GTD 时间管理等执行方法，均可以帮助我们将繁杂无序的工作变得条理清晰，一目了然。首先，在我们的工作清单上找到需要亲力亲为的工作内容，然后将可有可无的工作转交出去或放到最后，从而充分利用八小时的工作时间，避免无效加班。

第二，保持专注力，提升注意力，促进生产力。

有一种说法：你的注意力在哪里，生产力就在哪里。在当下的社会大环境中，我们每天被各种信息包围、冲击、刷屏，一个不小心，就会被各样的信息席卷，沉溺难返。比如醒来后本来只想看一下时间，却刷手机刷了大半天。这种近乎上瘾的行为，极大地干扰了我们的注意力。冥想是一种非常有效的提升专注力的方式，只需要一个人静静地坐在那里，放空大脑，放飞思绪，深入观察内在的那个自己，深入思考所遇到的所有问题，就会对专注力的提升、注意力的集中产生显著的帮助。

第三，减少对电子设备的依赖，每天给自己留出一段空白时间。

现在，只要醒着，有谁会不看手机吗？地铁上、公交车上，总有人一直刷着短视频；正在前行的共享单车上，总有人戴着耳机听音乐；万家灯火中，总有人拿着平板电脑玩游戏，追看正在连载的新剧；有人会每隔十几分钟就刷新一次微信朋友圈，有人会在购物网站里流连忘返……这些现象是时代的产物，全无必要谈之色变，但是，我们可以学着给自己留白。

第四，为工作设置时间节点，督促自己避开拖延陷阱，有效提高工作效率。

人类的天性使然，我们很多人都喜欢将事情放到完成期限的最后时间段内去冲刺。

在日常生活中，即使某项事务并没有明确的完成期限，不妨也制作一张时间表，进行阶段拆分，一节节去推进，一段段去完成。久而久之，我们会发现，面对一项繁重的事务，自然而然就能进入深度工作的状态，摒弃干扰，高度专注，在不知不觉中养成了高效做事的行为习惯。

哪 4 种坑千万别踩

此时此刻，如果你正在面临职业选择，请一定仔细了解与职业选择相伴而生的"坑位"和相应的避险法则。

职业选择是我们都会面临的问题。随着就业环境的变化，职业选择已经成为我们人生最重要的课题之一。当就业环境不再包容，职场氛围不再轻松，一份完全契合自己的专业，又能够发挥自己的所长，并让自己得到全方位锻炼和成长的工作，成了众多职场人的梦想，也成为很多人的求而不得。

就业环境早已今非昔比，那些所谓的注意事项，也应该迭代升级。

认识"天坑"，及时避险

第一坑，频繁跳槽。如果在我们的个人简历上，没有出现过一份入职时间在三年以上的工作，企业的 HR 就会在心里给我们画个叉。对 HR 来说，一个人频繁跳槽，至少能够反映其身上有以下三点不足。

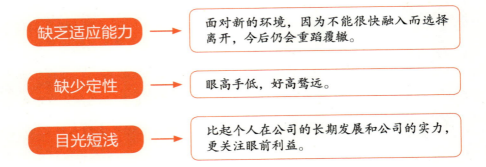

缺乏适应能力 → 面对新的环境，因为不能很快融入而选择离开，今后仍会重蹈覆辙。

缺少定性 → 眼高手低，好高骛远。

目光短浅 → 比起个人在公司的长期发展和公司的实力，更关注眼前利益。

第二坑，不重视职业规划。这部分人喜欢用"船到桥头自然直"来解释自己抗拒职业规划的心理状态。其实职业规划除了帮我们树立人生目标，也可以帮助我们探索自我生存环境、自我可能性。

第三坑，想法多过行动。很多人讲起来头头是道，做起来缩头缩脑，喜欢用小聪明解决问题，但当他们还在斤斤计较、讨价还价的时候，别人已经扬帆启航，驶向星辰大海。

第四坑，决定下得太仓促，又以决定后的后悔情绪为耻。有时候，面对选择，可以不做决定或者晚做决定，尤其对于那些关乎我们未来发展的选择，更不能因为受到外在因素的干扰就仓促地做出决定。任何一个抉择都有不同程度的风险，如果做完决定后，发现了风险，不要因为顾虑外在因素，而不能接受自己后悔和退出，及时止损也是大智慧的体现。

理念契合，同舟共济

高老师在外企任职十余年，在入职之初，他为自己制订的职业规划是在五年内成为一个能够用外语为外国人培训的职业经理人，并在十年内成为企业高管。当然，中间也曾有过一些微小的调整，例如他曾经推掉了公司安排的去国外总公司进修的机会。虽然事后也后悔过，但他在综合分析后，还是选择留在国内。

　　"那个时候，正值中国市场出现颠覆性转折的关键时期，作为一个面向中层以上高管的培训师，我不想错过亲自体验这场变革的机会。我留在国内，感受到那股变革的强势和不可逆转，以及其间所迸发出的人性之光。所以在我现在的培训中，会提及个人在大环境中的渺小，也会告诉他们一粒石子也拥有改变河流走向的力量。**选择一份职业，就是选择了一种人生，不想将自己局限于某一个范围内，也不要仓促地下任何决定。**"

　　继而，他谈到了当前任职公司的发展前景和市场价值，以及未来十年内将要达成的目标，谈到了公司的企业文化和市场定位。他表示，自己从外企跳槽到这家企业，就是因为彼此理念的高度契合，他认为这家企业可以成为实现自己下一个十年计划的合作伙伴。

　　此时此刻，如果你正在面临职业选择，请一定仔细了解与职业选择相伴而生的"坑位"和避险法则。当职业选择变得越来越重要，未来必将有越来越多的"坑位"层出不穷。大家在阅读本书的同时，也可以进行思考，将你认为的"新坑"写下来，分析其成因和影响，积极发表在社交平台上，在成就自己的深度思维并付诸行动的同时，也为他人的前进贡献力量。

横向领导力

当没有更高职权的领导在场或需多部门共同完成一个相同的目标时，

总需要有一个人站出来。

这个人可能是你，

也可能是你身边的同事。

第七章

5 大圈层模型

通过层层递进，

由表入里，

从不同的角度去观察和分析一个人的性格特征、
行为模式、工作能力和价值观，

全面而深入地了解对方。

角色滤镜

角色滤镜代表的不仅是过度的美化，

还有因为职业偏见做出的过度解读，

同时也过滤掉了很多客观信息。

赋能

让正确的人，
在正确的时间，
以正确的方式，
做正确的事，
缺一不可。

7

复刻领导力：
在职场上越做越好的秘密

翻倍个人影响力，从平庸中脱颖而出，领导力是必备能力。

4A 反馈法则

给出反馈是为了帮助对方，
接受反馈是为了引发思考，
双方最终的目的，
都是为了解决已经出现的问题。

横向领导力：不是领导也能当主角

当团队需要你站出来的时候，不要吝啬自己的光芒，成为主角从来就不是某个特定职位的特权，从领导自己开始，你就已经是自己人生的主角。

我们在工作中时常会遇到需要大量沟通、协作、跨部门合作的工作内容，也经常因为配合不力而互相推诿，甚至莫名其妙地成为"背锅人"。这个时候，如果有人站出来，以出色的工作能力、完整的工作计划赢得大家的信任，带领大家进入下一个既能各司其职又能默契配合的工作阶段，对身陷其中的我们来说，和救星无异。这种人所拥有的横向领导力就是会在这种工作情境中救我们于水火的实用的能力。

横向领导力，简单说，就是在没有更高职权领导时，能与他人合作完成艰巨任务的领导能力。只有横向领导力，才能跨过各人或各部门各自为政、互不关联、沟通异常困难的"职业深井"，将各人或各部门结合成一个整体。其中，沟通是横向领导力的重要支点，合作是横向领导力的实施前提。

如何拥有横向领导力

第一步，需要拥有能够出色完成分内工作的个人能力。

如果想通过横向领导力影响别人，首先要学会领导自己。当我们想与对方展开合作时，对方第一时间就会考虑我们的能力能否达到合作的条件。出色地完成自己负责的那一部分工作，是展开合作的前提。

第二步，对共同工作这个事实，需要拥有高度精准的认知。

共同工作就像一台机器，共事者之间的配合就像每个齿轮之间的咬合，必须完全契合，才能够推动这台机器的运转。换句话说，团队成员必须知道为了完成共同的工作，彼此之间应该如何配合。

第三步，确定共同的目标，并根据目标制订详细的、可执行的计划，实施横向管理。

这份可执行的计划，一定要具有非常清晰的执行步骤，而且能够组织同事一起参与决策和管理。横向管理者要学会用提问、作答、行动的方式，促使大家能够为了实现同一目标更专注地投入工作之中。

为什么需要组织同事一起参与决策和管理？因为我们虽然是计划的制订者，但同事们并不了解我们制订这份计划时的思路，即使再三说明，将思路和盘托出，这个计划仍然和他们没有产生关系。无法对结果施加影响，他们在执行过程中就很难尽心尽力。

如何正确运用横向领导力

在确认自己拥有出色的个人能力的前提下，如果我们向同事提出了合作，却仍然被拒绝，不妨从两个方面寻找原因。

第一，对方可能有更加迫切的工作需求。确定对方的需求，分析其需求与我们的共同目标结合起来的可能性。我们需要明白的一点是，只要对方的需求与共同的项目有关，就不难找到切入点。

第二，我们的做法存在问题。横向领导力属于不依靠行政权威，仅凭自身才能与其他人合作完成艰巨任务的能力，简而言之，这是一种更利于合作的能力。邀请别人参与决策，我们所说的话既不能是命令、指挥、要求，也不能是对是非对错的明确判断。此外，我们提出的问题和建议应该非常具体，便于操作执行。

我们该如何正确地运用横向领导力呢？

首先，我们需要明白，自己的行动是最容易控制的，想让其他人发挥出更大的力量，自己必须释放出更大的能量，让人看到我们高效的工作方法和快速配合他人解决问题的能力。实质上，我们并不需要将主要精力放在如何解决问题上，而应该关注解决问题的过程。解决问题的时候，我们的专业能力会完全暴露在共事者眼前，表现得越专业，共事者对我们的信心就会越充分，我们在团队中便越有影响力。

其次，以提问询问对方的想法时，一定要先将目的传达给对方，避免被误读。问题最好是开放式的，以提升对方的参与度，参与度越高，对团队的认同感也就越高。

最后，当出现某些不太好的局面时，主动承担部分责任。保持开放的心态，允许不同的意见和建议出现，当别人的建议更有助于目标的实现时，积极采纳，并给予肯定。

当没有更高职权领导在场或需多部门共同完成一个相同的目标时，总需要有一个人站出来。这个人可能是我们，也可能是我们身边的同事。领导力，并不是成为领导才能够具备的力量，当团队需要我们站出来的时候，不要吝啬自己的光芒，成为主角从来就不是某个特定职位的特权，从领导自己开始，我们就已经是自己人生的主角。

5大圈层模型：如何从外到内认识一个人

知己知彼，百战不殆，5大圈层模型是一个能够帮助我们快速了解他人的趁手工具。

"这个人是我喜欢（讨厌）的那一类人。"

"这个人谈吐不俗，很有教养。"

"这个人衣着得体，品位不错。"

"这个人……"

这一类的话，相信我们每个人都不止一次地听过或说过。毕竟在日常的生活和工作中，总是避免不了要建立新的关系，在初次见面之后，我们总会本能地对对方做出初步的判断。而很多合作是开始还是放弃，都会受初步判断的影响。

无论是领导一个团队，还是与他人展开合作，我们都需要足够了解团队成员或者合作伙伴，才能营造一个让大家都觉得舒适的合作氛围。问题是，我们真的了解他们吗？如果仅凭第一印象便能够确定合作方式，会不会为之后的工作带来隐患？或者，怎样才能在最短的时间里，去了解新同事或新客户，以便为即将展开的合作打下良好的基础？

认识 5 大圈层模型

5 大圈层模型是一种用来帮助我们了解另一个人的方法。所谓"5 大圈层"，指的是感知层、角色层、资源层、能力层、存在层，层层递进，由表入里，从不同的角度去观察和分析一个人的性格特征、行为模式、工作能力和价值观，从而全面而深入地了解对方。

第一层，感知层。顾名思义，由感而知，即双方见面时通过眼睛接收到的所有信息，而做出的初步判断。可以说，世界上的大多数关系，均起源于此。我们常说某个明星"不合眼缘"，对某个人莫名喜欢或讨厌，很大程度上是受到第一印象的影响。

第二层，角色层。此处的"角色"，指的是社会角色和家庭角色，包括对方的职业、职位、地位和家庭关系。对方可能是一位律师、一位医生、一位快递小哥，也可能是某个人的父亲、母亲、儿子或女儿。

第三层，资源层。这一层指的是对方客观拥有的资源，除了物质财富，还有人脉、社会影响力，以及精神资源等。精神资源也有很多种，包括依靠智力取得的成就，如著作权、专利权、发明权等，同时也包括一个人的知识体系、意志力、信念和道德等所有能够代表对方精神世界的无形财富。

第四层，能力层。能力代表着一个人解决问题的方法和效率。一个人能够出口成章，未必能够处理难题。但一个工作能力出色的人，一定具备处理难题的能力。

第五层，存在层。指的是一个人在社会、企业、团队中的存在感。一个人存在感的高低，来自这个人创造的价值。价值的大小，源于能力的高低。而能够驱动能力的，是内心的需求。决定内心需求的，则是这个人所拥有的资源。

如何运用 5 大圈层模型

第一层：感知层

第一印象往往决定着我们与对方交往的基调，但也最容易导致认知偏差，要么期待过高，要么以偏概全。通过对方的衣着、谈吐、外貌得出的判断，主观成分过重，难免失之偏颇，从而导致很多的不确定性，也就是所谓的"知人知面不知心"。事实上，当我们对一个人的过去一无所知时，第一次见面产生的所有印象都可能是错的。我们无法确定对方表现出来的是真实的自我，还是精心设计的"人设"。

所以，当我们初识一位新朋友、新同事、新伙伴或新客户时，可以只将对方当作一个"人"，在其名字前不需要加任何前缀，不需要根据对方的态度和见识先入为主地判断其好与坏，更不必因为对方的衣着和谈吐便认定对方的贫与富，更重要的是，不能以第一印象作为标准，做出任何关于他的决定。工作中如此，生活中也如此。

第二层：角色层

每个人都有自己的社会角色，并且不由自主地被角色驯化，面对不同的人，会戴上不同的"面具"，以至于我们在了解另一个人时，也很容易产生"角色滤镜"。比如听到对方说自己是一位医生，无论我们想的是"现在医生对病人都不太负责任，这是个狠人，我得小心点"，还是"太好了，这是一位医生，一定是个好人"，都为时尚早。

"角色滤镜"代表的不仅是过度的美化，还有因为职业偏见做出的过度解读，同时也过滤掉了很多客观信息。对方是一位外科大夫，代表他曾就读于医学专业，经历过数年实习，工作期间需要接触大量的病人，做过大量的手术，周围有一大群的医生和护士同事……这是医生这一角色带来的客观信息。至于他品德是好是坏，需要更多的时间和耐心进行观察，不要急于给出任何定论。

第三层：资源层

一个物质丰富、精神贫瘠的人，很容易成为社会大众眼中的"纨绔子弟"甚至"败家子"；一个物质贫乏、精神富足的人，则极可能成为一位坚定的理想主义者，即使身处逆境仍然能够坚定方向；而一个物质和精神双富足的人，很可能会成为开创者。当然，还有一种情况是物质、精神都贫瘠，任何工作对他来说都只是为了穿衣吃饭，这一点无可厚非，只是此人不适合那些使命感较强的工作罢了。

物质资源的丰厚与否可以说明其生活水准的高低，精神资源的充足与否，则可以让我们知道能否与对方进行一场心神的交流，以及在后续的合作共事中，能否在精神领域互相补给。精神资源上的"互利"能够使彼此走得更远。比如，如果某人擅长社交，在很多人眼中属于精力充沛的类型，却又因为精力太过充沛而往往不够专注。这时候，他身边出现了一个性格内向的同事或伙伴，对方身上或许就有他需要的专注力。两人达成合作，不但能够优势互补，还可以给彼此带来好的影响，共同完成工作目标。

第四层：能力层

想要了解一个人的工作能力，首先就要看对方是否能够高效地解决问题。举个例子，时近年底，我们需要找一位一起负责年会策划的合作者，如果我们擅长制作PPT，擅长制作方案，那么需要找的就是一位能够协助将方案落地的搭档。在正式合作之前，不妨用一些比较短期的工作验证对方这方面的能力，开始合作时也需要随时观察，以便及时调整合作方式。

每个人擅长的领域不同，解决问题的效果也不尽相同。看清一个人的优势领域，了解一个人的能力类型，是一项需要在实践中不断学习的技能。

第五层：存在层

存在感是我们存在于这个世界的证明，它之于人类，就像生存之于野生动物，是触发情绪和推动行为的开关。**老虎为什么要捕杀野狼？即使它是百兽之王，但面对以凶狠闻名且有仇必报的野狼，这场捕猎也并不轻松，甚至有可能被反杀。但是，它必须厮杀，因为它受到了生存需求的驱动。**

如果想提升自己在企业中的存在感，需要创造出应有的价值。我们日常所做的每一项工作都是提升存在感的有效途径，当然，必须以具有高产出的深度工作能力为前提。

投身职场，无论是以成为职业经理人为目标，还是以为创业积累经验为目的，都无法回避与其他人的接触和合作。而了解他人，是能够愉快工作或高质量合作的必要条件。知己知彼，百战不殆，5大圈层模型是一个能够帮助我们快速了解他人的趁手工具。掌握它，熟用它，就等同于握住了建立良好人际关系的通关密码。

教练模型：怎样用提问换答案

不要害怕提问，也不要害怕直面内心，成为教练型领导的第一步，从领导自己开始。

在初入职场的时候，我经常被问："你喜欢公司的哪一位领导？"现在想来，对方想知道的应该是我更喜欢哪一种领导方式。如果现在有人再问，我应该会说自己喜欢教练型领导，比起被一味地说教和施加压力，我更喜欢被引导和启发。

现在，我想问大家的问题是：你想成为什么类型的领导呢？

当前的职场，"00后"已经登场，"90后"渐成骨干，作为在网络时代长大的初代和二代，他们身上有着鲜明的时代特征：受不得委屈、对自身权益高度清晰、一言不合就辞职走人……想成为他们的领导，一些传统的管理方式显然已经不合时宜。这个时候，可以尝试让自己成为一位教练型的管理者。

教练型管理者的目的是帮助团队成员树立觉察感、目标和自信。如何成为一名教练型管理者呢？不妨试试 GROW 模型。GROW 模型，引领大家从目标、现实、选择、意愿出发，用提问的方式激发提问者的潜能，帮助对方自己找到解决问题的答案，而不是简单粗暴地替代对方给出应对策略。

GROW 模型

"W"意愿
· 阐明行动计划
· 设立衡量标准
· 规定分工角色
· 建立自我责任

"O"选择
· 探寻解决方案
· 征寻建议

"R"现实
· 挖掘真相
· 澄清
· 理解

"G"目标
· 期望的成果

用提问找回初衷

2019 年，我曾经采访一位来自上海的典总。他告诉我，自己有一位合作长达十五年的老朋友兼合作伙伴，就是在从德国回上海的飞机上认识的。长达十几个小时的飞行，让萍水相逢的两个人进行了一场打发时间的交流。从开始的寒暄，到德国的饮食、上海的天气，再逐渐延伸到各自的工作。对方听到他抱怨公司小气、不舍得给员工花钱时，没有急于表达意见，在含笑聆听完毕后，才开始表达自己的看法。

典总表示，从那次开始他们就成了朋友，回到上海后还经常约出来谈心。初次相识的五年后，他们合伙成立了现在的贸易公司。朋友负责管理，他负责市场，合作十年，仍然能够尊重彼此的专业领域，在公司成立十周年的年会上还联手制订了下一个十年计划。但典总直到多年后才意识到，那一场飞机上的聊天，对方居然一直是在用提问的方式让他不断地说出答案，不断地清理掩埋在自己真正的需求上面的浮尘，直至找回自己的初心。也是从那天开始，他很少再抱怨公司，也不再斤斤计较，一门心思地为早日实现心中的目标做着所有努力。

直面内心，当自己的教练

如果现在的你正身处迷茫之中，对未来无从把握，对当下充斥着不满的情绪，那就先从做自己的教练开始，叫着自己的名字，对自己提出问题。

第一步，目标。

你大学毕业的时候，有过什么样的职业目标？

你想五年、十年后也是现在这个样子吗？或者，因为年龄，五年、十年后只会比现在更糟？

第二步，现实。

你认为你现在的问题更多是来自内心的焦虑，还是你的能力和职场环境的不匹配？

你对于昨天客户的投诉电话，是真的认为对方在无理取闹，还是你确实有哪里做错了？

第三步，选择。

目前这份工作你是想继续坚持，还是另有打算？

你要不要多和几个人探讨一下更多的可能性？或者，找一位德高望重的职场前辈，说出你的苦恼，看看能不能得到一些建设性的意见？

第四步，愿景。

你为了实现目标，做了哪些准备？具体行动计划是什么？第一步想做什么，第二步从什么时候开始？

你还需要哪些支持？谁可以给你这些支持？如果得不到支持，如何重新找到支持者？或者，如果得不到支持，你有没有制订另外的行动计划？具体怎么做？

自问之后，需要自答。这个自答的过程，就是做自己的教练、带领自己向目标靠近的过程。当我们能够将自己管理得井井有条时，呈现在职场环境中的，一定是一个可以信赖、可以合作、专业而自律的职业形象。这样一来，当有一天我们坐上了管理者的位置，便可以驾轻就熟地成为教练型领导，且能很快进入角色。

不要害怕提问，也不要害怕直面内心，成为教练型领导的第一步，从领导自己开始。

赋能：正确的人 + 正确的时间 + 正确的方式 + 正确的事

慷慨地赋予他人，理智地因材施教，让每一朵花都能绽放，也让我们的团队大放光芒。

美国斯坦利·麦克里斯特尔所著的《赋能》中提及，赋能就是赋予他人的能力，让正确的人，在正确的时间，用正确的方式，做正确的事。

无论什么类型的领导，都需要对团队中每一位成员的特性有正确的了解，有针对性地赋予其正确的工作内容，让各个成员做各自擅长的事，从而使整个团队效率提升，活性增加。

当然，领导者在其中所扮演的，还有一个重要的角色，那就是"黏合剂"，确保自己和团队成员的共享意识和整体意识，这样才能保证整个团队的一体性。

一个有活力、有创造力并能够实现信息共享，以团队任务为唯一目标的团队，才能在面对世界的各种不确定性时披荆斩棘，一往无前。

与正确相对的，是错误

仔细想想，日常工作中，同事们聚在一起"吐槽"领导时，聊得最多的话题是什么？可能没有一个统一的答案，毕竟千人千面，不同的领导，不同的员工，不同的团队，会造就不同的工作氛围，但有一类话题一定会被反复提及——对工作分配不当的不满。

"我们那位领导就是瞎指挥，明明张三做这块最得心应手，他也不知道咋想的，分配给了李四，李四接了这工作天天愁眉苦脸，张三也天天抱怨。"

"这个项目一直是我跟的，前两天领导突然就把它给了小王，小王天天来问我，我这边又接了别的工作，也是焦头烂额，哪有时间理他啊？"

你可能会问，把张三擅长的工作给了李四，把小张的优势项目给了小王，这种领导到底是怎么想的呢？想让员工走出舒适区，富于挑战精神？还是说，仅仅是为了显示权威？关于这个问题，我们不妨听一听不同的答案。

王经理是一家小型企业的销售部经理，了解汽车行业，非常擅长汽车领域相关产品的销售。进入该公司后，他也确实迅速签了两个大单，打响了名头。

"我很清楚一个成员对团队的职责，所以从来不介意带徒弟，还曾经邀请部门总监和我一起拜访过几家汽车大厂的采购负责人，介绍他们彼此认识。但是，当年第三季度，有一家汽车大厂推出一款新车，却没有采购我们的产品。公司大领导大发雷霆，站在我面前让我马上打电话去问原因。我索性开了免提，对方的话在整个办公室回荡，大领导听完之后，叫着我们部门领导一起离开。原因就是，部门总监在我不知道的时候安排了两位销售前去和对方接洽，但所提供的方案和对家公司相比，无论是实验数据，还是后期的体验跟踪，都找不到亮点，改了两次均不合格，自然就被淘汰了。大领导问我们部门总监为什么不让我去做方案接洽，总监给出的理由是不想把'鸡蛋'都放在一个'篮子'里，想锻炼新人，增加公司的安全感。"

显然，这位部门总监是不想让王经理一人垄断汽车领域产品的销售。站在公司角度，这么做无可厚非，但他用错了方式，用错了人，用错了时间，最终就是做错了事。

如果想让员工走出舒适区，让每个人都成为无所不能的全面手，可以通过平时的培训和日常的技能学习锻炼员工，但王经理的上司在大厂新车上市之前，委派了两个对汽车领域的应用方案不是很精通的同事进行接洽，甚至在方案第一次、第二次被打回之后，也没有向王经理求援，显然不是一位以公司利益为导向的管理者应该做出的正确判断。

与正确相伴的，是专业

如果我们现在已经是部门的负责人，面对部门几位能力、性格、优势各不相同的成员，该如何打破各自为战的深井，建立起一支能够在不确定的环境中披荆斩棘的、活力充沛的团队呢？

第一步，也是最重要的第一步——必须了解我们团队中的每一位成员。本章里的5大圈层模型，正好可以帮助我们做到这一点。第二步，在全体成员面前公布团队的整体目标。这是为了让团体成员知道，这个部门是一个团队，一个协同作战的整体。第三步，将整个部门的工作任务进行划分，将不同的工作任务分配到擅长的人手中。

执行以上三个步骤的过程中，一定要记住沟通的重要性。必要的时候，我们要成为大家的联络官，负责收集信息，收集难题，在部门会议上进行分享和解决，从而培养团队成员之间的共享意识。

　　而在这三个步骤之外，日常的管理中，我们还可以让两三位具有不同优势的员工结成小组，进行明确分工后，共同去做一件事。比如，陌生拜访一位目标客户，擅长沟通的打先锋，进行破冰，不善言辞的一直旁听，必然也能从中获益；擅长制作方案的同事在方案制定过程中，必定也需要与另一位同事进行讨论，该同事的能力也能得以提升。大家在工作中取长补短，共同进步。

　　但有一点很重要，明确分工。试想，若将两三位能力和性格各异的同事组合成一个小组，却不进行明确的分工，会出现什么状况？即使因为现代人的基本素养较高，不会形成"三个和尚没水吃"的局面，也很可能会引发优势错位，即不擅长沟通的去打了头阵，不擅长文字表达的负责了方案制作，不擅长方案宣讲的站到了台上。如果将这种错位放在平时的培训中，不失为一种激励员工走出舒适区的培养方式，但如果用在了一位重要客户的投标会上，便注定会一败涂地，带来损失。

　　让正确的人，在正确的时间，以正确的方式，做正确的事，缺一不可。领导的专业作用在这个过程中尤为关键，如同花园的园丁，培养每一朵花的花园意识，滋养每一朵花的优势，呵护每一朵花的脆弱，并提供可以使其能够茁壮成长的土壤。慷慨地赋予他人，理智地因材施教，让每一朵花都能绽放，也让我们的团队大放光芒。

4A 反馈法则：这样提升团队人才的密度

一支人才密度高的团队，一定具有高效的创造力和无穷无尽的活力，大家愿意主动交流，乐意倾听意见，着力营造轻松的工作氛围。

在职场和生活中，反馈是推动进步的"秘密武器"，但如何让反馈带来助力，这可能是令很多人头疼的问题，我们不妨试试 4A 反馈法则。

第一个 A，目的在于帮助，即反馈者提出的问题，包括负面反馈，目的在于帮助被反馈者。

第二个 A，反馈应该具有可行性，即反馈者给出的反馈，应该有可行性，既有问题、有疑问，也应该有建议。

第三个 A，感激与赞赏，即被反馈者对反馈者首先要有足够的感激和赞赏，而不是急着给自己找借口。

第四个 A，接受或拒绝，并不是说只要反馈者给出反馈，就一定是对的，被反馈者有自己的想法，可以接受反馈，也可以拒绝。所以在听到别人的反对意见之后，最重要的是感谢他的意见触发了自己的思考，但不一定要照单全收。

大家可以看到，在 4A 反馈法则里，给出反馈是为了帮助对方，接受反馈是为了引发思考，双方最终的目的都是要解决已经出现的问题，也就是我们喜欢挂在口头上却很难做到的"对事不对人"。在工作中，一个人有时会是反馈的一方，有时则会成为被反馈的一方。进行反馈，一定是因为看到了问题，收到反馈，也一定因为别人看到了问题。解决这些问题的目的是什么？为了团队的共同利益。

当一个团队的成员充分利用 4A 反馈法则，心平气和地提出建议、情绪稳定地听取建议时，这个团队距离成为一个高人才密度的团队的目标已经不远了。

如何正确运用 4A 反馈法则

第一点，不要在冲动的时候给出反馈。这一点非常重要。实际上，无论是给出反馈的一方，还是听取反馈的一方，都需要避免冲动。当一个人情绪激动的时候，是很难客观地思考和理智地判断的，他脱口而出的可能只是一句没有意义的抱怨，而抱怨无益于问题的解决。

第二点，将反馈列入部门或企业的会议议程。为了不与业务讨论混淆，最好将这个议程放在会议最后。同时，需要识别反馈者是否有"刷存在感"、卖弄口才和小聪明的可能。这并不难辨别，只要看对方的意见是会让事情变得更好，还是会制造困扰就行。

第三点，牢记反馈的目的，不要为了反馈而反馈。为什么我们要学会运用 4A 反馈法则？是为了帮助大家在各自的岗位上更好地工作，而不是设定一堆束缚大家的条条框框。如果我们所在的部门各项工作进展良好，沟通顺畅，而我们拿不出比当前更好的工作方法，那就请在努力工作的同时，继续思考和观察。

第四点，可以直接找到我们想给出反馈的人，开诚布公地交流。这种公开透明的做法，对于营造整个部门乃至企业的和谐气氛来说，具有非常积极的促进作用。

第五点，对于给自己反馈的团队成员，给出积极回应。尤其当我们是一位部门负责人时，还需要更多地引导和鼓励对方，并对后续结果给予反馈。

第六点，制定行之有效的反馈制度。结合企业文化和公司现状，以及我们认为目前亟需解决的问题，制定一套适合企业发展的反馈制度。此外，仍然要记得第三点，反馈是为了帮助员工更好地工作，不是为了给员工制造麻烦，谨防本末倒置。

成为优秀者，吸引优秀者与你同行

当一名优秀的在职员工提出加薪申请时，很多领导会瞬间变脸，仿佛这名与他们共事多年的优秀员工触犯了天条一般。他们宁肯再招聘两三名员工做这名员工一人的工作，也不愿为这名老员工提升待遇。也就是说，这些领导宁愿拥有一支听话但平庸的团队，也不愿花心思留住优秀的员工。结果就是员工平庸，企业也沦为平庸，直至湮没在市场大潮中。

网飞公司的宗旨是，一名优秀员工胜过两名普通员工。一支人才密度越高的团队，首先一定是一支高薪团队，至少在同行业同岗位的薪资中名列前茅，这是能够保持人才密度的前提；一支人才密度越高的团队，一定具有高效的创造力和无穷无尽的活力，团队成员愿意主动交流，乐意倾听意见，着力营造轻松愉快的工作氛围。

高总是来自华南的一位年轻的小企业负责人。公司上下，加上财务、司机、行政共有十六个人。除了高总之外，其他十二个人中，七个为研发人员，五个为销售人员。每一次参加展会，研发人员和销售人员均会到场。每一次我来到高总的展台，他们的精神面貌总会让我眼前一亮。

相对自由舒适的氛围，会让成员产生归属感，也会让他们产生对这支优秀团队的责任心。心灵上的满足感所产生的驱动，则会变为巨大的创造力。这就是高人才密度团队诞生的必然。

如果你正在创业，或有一天一定会创业，是想拥有一支勉强达到及格线的团队，还是想拥有一支高人才密度的团队呢？如果是后者，不妨从这一刻立刻开始行动，熟练运用4A反馈法则，持续学习，让自己首先成为行业精英。优秀的人只会向优秀的人靠拢，《荀子》有言："与凤凰同飞，必是俊鸟。"在这个世界上行走，我们能走多远，取决于与谁同行。

现场链接

"您的技术团队成员非常精简，能够满足公司日常需求吗？"

"我们的团队是一支年轻的队伍，平均年龄才三十八岁。员工贵精不贵多，我们这支队伍里的每个人都可以独当一面。我们的技术工程师不但能解决产品研发时的难题，还能够在客户后续服务中用技术创新为产品增加附加值，提升客户体验，这在行业内也只有那些大厂的高级技术人员才能做到。"

"您是如何配置后勤工作的呢？"

"客户买走产品之后，我们的销售人员马上就会从销售转为客服，每天都能把客户在使用过程中的体验反馈给研发部门，有录音，有视频，也有客户做出的数据对比。这种工作方式，得益于我们平时的培训和交流，大家都愿意为了公司的年度目标、五年目标、十年目标往一处用力。如果进入旺季，两个部门都忙得不可开交，我就成了他们的联络官，也是意见和建议的倾听者。我会公开告诉他们，所有的反馈我都会现场录音，以确保这个反馈不会因为我的介入而失真。"

"您为什么能够拥有一支如此优秀的团队？"

"我说过，贵精不贵多，这一直是我的用人理念。但是，如果把人才引进来后便以为可以坐享其成，那就是大错特错。我作为公司的负责人，有责任为人才创造一个良好的工作环境。我们的研发人员为了研发新品，很多时候都是夜以继日，但研发完成后，他们可以休一个大假，自己部门里做好协调，只要保证客户需要技术服务时有人值守，想怎么休就怎么休。"

青蓝